高等院校计算机应用系列教材

软件测试需求分析与设计实践

赵国亮　韩雪燕　李　楠　贺佳佳　赵琪　编著

清華大学出版社
北　京

内 容 简 介

本书全面系统地介绍软件测试需求分析与设计，从软件测试活动涉及的相关概念入手，着重介绍开展软件测试需求分析的方法、开展测试设计的方法，以及测试工作产品的主要内容，最后给出嵌入式和非嵌入式软件的测试需求分析案例。

本书适合作为第三方软件测评机构的测试人员的培训教材，也可作为高等院校计算机、软件工程专业高年级本科生的参考书。

图书在版编目(CIP)数据

软件测试需求分析与设计实践 / 赵国亮等编著. —北京：清华大学出版社，2024.1
高等院校计算机应用系列教材
ISBN 978-7-302-65006-5

I. ①软… II. ①赵… III. ①软件—测试—高等学校—教材 IV. ①TP311.55

中国国家版本馆 CIP 数据核字(2023)第 230918 号

责任编辑： 王　军
封面设计： 高娟妮
版式设计： 孔祥峰
责任校对： 成凤进
责任印制： 刘海龙

出版发行： 清华大学出版社
　　网　　址： https://www.tup.com.cn，https://www.wqxuetang.com
　　地　　址： 北京清华大学学研大厦 A 座　　**邮　　编：** 100084
　　社 总 机： 010-83470000　　**邮　　购：** 010-62786544
　　投稿与读者服务： 010-62776969，c-service@tup.tsinghua.edu.cn
　　质 量 反 馈： 010-62772015，zhiliang@tup.tsinghua.edu.cn
印 装 者： 大厂回族自治县彩虹印刷有限公司
经　　销： 全国新华书店
开　　本： 170mm×240mm　　**印　　张：** 15.25　　**字　　数：** 307 千字
版　　次： 2024 年 1 月第 1 版　　**印　　次：** 2024 年 1 月第 1 次印刷
定　　价： 69.00 元

产品编号：104432-01

推荐序

软件测试是软件产品质量控制的重要手段。在航空航天、智能汽车、轨道交通等关键安全软件的生产和应用中，软件测试是质量保证极其重要和关键的环节。软件测试领域正处于快速发展阶段，目前国内高水平软件测试人才紧缺。高质量软件测试教材对于培养创新能力强和适配企业实际需求的高水平软件测试人才至关重要。

赵国亮研究员长期从事软件测试技术研究工作，具有丰富的测试工程实践和管理经验，是软件测试领域资深专家，出版了多部软件测试方面的教材。这本教材融合了作者和其团队在软件测试领域长期的实践经验，理论与实践相结合，基于对测试分析方法和测试设计方法的深度解析，举证了丰富的测试案例，具有如下鲜明特点。

- 基本概念清晰：教材以软件测试需求分析与设计活动为牵引，简明清晰地对相关测试概念给出了明确的定义，由浅入深，透彻清晰。
- 分析方法全面：教材不仅全面介绍了测试需求分析的方法，而且深度解析了测试需求分析的内容之间的相互关系，技术内容能够充分满足软件企业和软件测评机构对高水平测试人才的培养要求。
- 实践案例丰富：教材以软件测试实践的视角，通过项目案例驱动将测试的相关基本概念、测试需求分析方法有机融合，有助于进一步提升读者软件测试需求分析的能力。

中国的软件测试产业正在蓬勃发展，迫切需要既懂技术又懂管理、满足企业需要的高水平软件测试人才。这本教材内容详实、实践性强，它的出版将有助于软件测试人员、评测人员和软件工程专业学生的测试理论知识和实践能力的培养，为读者系统化学习软件测试基本概念、测试分析方法、测试设计技术等，以及开展软件测评实践提供具有可借鉴性和可操作性的指导。

——吴国伟教授/博导

前　言

随着计算机软件在各行各业的广泛应用，软件测试也随之成为方兴未艾的职业。当下，国内涌现出越来越多的有资质的第三方软件测评机构。但是，普通高校的软件工程专业缺少相关的软件测试课程，即便有，也只是局限在编程语言或测试工具使用方面，绝大多数学生在毕业后很难快速胜任软件测评工作；因为软件测评工作需要的技能覆盖测试需求分析、测试用例设计、代码审查等，而不只是会使用测试工具或会读代码。根据笔者多年的用人经验，计算机专业的本科生至少需要 2～3 年的培养，才能具备基本的软件测试需求分析能力，能够独立对不同类型、不同用途的软件开展合格的测试需求分析；即便是计算机专业的硕士，通常也需要 1～2 年的训练才可以胜任软件测试需求分析工作。因此，本书旨在培养软件测评人才，致力于完善软件工程的课程体系。

笔者从事软件测试工作十余年来，发现在这个行业外，甚至在这个行业中，都普遍存在着对这个行业的错误认知。第一类错误认知是软件测试是 IT 行业的“蓝领”工种，是技术能力低于编码人员的人才干的，非计算机专业毕业的人在某些培训机构培训个把月就能胜任工作；第二类错误认知是软件测试人员只要具备读代码能力就能胜任工作；第三类错误认知是软件测试就是证明软件功能有无。

软件测试人员对于被测试的对象，就好比医生对于就诊的病患。门诊医生需要具备基本的医学专业知识，才可能根据病人对病症的描述，开具各类医学检查内容；检查室的医生需要具备基本的诊疗设备操作能力，才能实施检查并给出检查结果；最后，门诊医生根据检查结果做出病因诊断，根据诊断结论给出治疗方案。

软件测试过程与医生诊疗过程类似，测试需求分析人员需要具备基本的软件需求分析技能，首先对软件需求进行评判，确定软件需求描述的完备性和正确性；其次，依据完备和正确的软件需求，测试需求分析人员需要进一步分析测试内容，也就是确定到底需要在多大范围和深度进行测试，以及使用什么样的测试技术或方法，才能证明软件正确实现了需求。

之后，白盒测试人员和黑盒测试人员类似检查室的医生。白盒测试人员需要具备基本的测试工具操作能力和白盒测试结果评判能力；黑盒测试人员需要具备基本的黑盒测试用例设计技能，才能使用充分有效的测试用例开展测试工作，并给出可信的测试结果。

最后，测试人员根据测试结果确定软件缺陷。

因此，如果测试人员不具备软件测试需要的基本技能，就如同医生不具备基本医学知识，导致的后果是医生在病患面前失去了专业权威性，测试人员在软件开发人员面前同样会失去专业的权威性，产生完全无效的测试。

在软件测试行业，尤其是第三方软件测试行业，普遍存在的问题是软件测试人员缺少软件需求分析技能。由于测试人员没有能力评判软件需求的正确性和完备性，测试需求分析经常基于一个错误百出的软件需求而开展，导致的错误包括以下几类。

1. 测试遗漏重要软件能力需求

造成这类错误的原因是软件需求中遗漏了软件能力需求，因此测试也随之遗漏。

如果就此质疑测试人员，他们的理由通常是“软件需求规格说明中没有写”或“我们怎么知道还有这个需求”。他们不知道软件需求分析能力是软件测试人员需要具备的基本能力，如果缺乏此能力，就不可能胜任测试需求分析的工作，最多承担软件测试执行的工作。

据业界著名的统计公司的统计表明，属于需求分析和软件设计的错误约占64%，属于程序编写的错误仅占36%。因此，测试人员必须具备理解软件需求，并用适当的需求分析方法评判需求描述的完备性和正确性的能力。

2. 需要验证的测试点不充分

产生这类错误的原因是某些测试人员能力偏低，对“如何证明软件正确性”存在错误的理解，认为测了就行，至于应该从哪些点上考虑测试以及设计多少个测试用例合适则不在他们的思考范围内。因此，这样的测试最终只能证明功能的有无，而不是证明功能的正确性。

3. 抛开软件需求对设计进行无意义测试

如果软件需求分析人员犯了混淆需求与设计的错误，提交给测试的需求文档将充斥着大量设计细节问题。测试需求分析人员没有能力识别这些细节问题时，就会完全依赖需求文档开展测试；导致的错误就是丢失真正的需求，对照设计细节进行测试，甚至只测试代码的某些中间变量，而非软件需求要求的最终输出。如果因此质疑测试人员，他们的理由往往是“我们就是按照软件需求测试的”“软件需求规格说明中就是这样写的”。测试人员如此“照猫画虎”，工作辛苦却完全没有成果。

4. 测试方法无效

如果测试人员没有能力开展测试需求分析，还会造成测试方法无效这种严重错误。因为测试人员不掌握针对软件用例规格的基本分析能力，所以选择测试方法时，不是按照“可定量控制测试输入数据，可定量测量测试输出数据”的基本原则设计测试方法，结果是测试内容的对应测试输出预期数据是无法定量的。例如雷达系统的软件测试中，测试人员不知道需要使用定量的射频信号作为目标模拟源，也不知道每个测试结果预期应该是发现目标还是没有发现目标，因此最终是“先出软件实际测试结果，再参考实际结果来填写预期结果”这种本末倒置的测试。

软件测试工作有一个明显的特点，即测试执行工作很容易上手(因此外行往往认为非计算机专业的人经过培训就可以从事软件测试)，但测试质量会因为测试需求分析的水平产生巨大差异。而这种测试质量差异又由于软件缺陷的隐蔽性(使用次数、使用时机、使用习惯等)很难在短时间内淋漓尽致地表现出来，因此造成软件测试行业存在一个恶性循环现象：入行门槛低，薪酬水平偏低，测试成果低水平交付；由于屡屡成功低水平交付，产生了“软件测试就是低技能人员所从事的职业”假象，导致很多测评机构没有理由招聘或下功夫培养高水平测试人员。

本书共 8 章，组织结构如下。

第 1 章“概念”重点阐述软件测试需求分析与设计活动中涉及的相关概念。这些概念非常重要，是后续章节描述的方法的基础。

第 2 章“软件测试活动”介绍面向 4 种测试对象的测试活动。

第 3 章“软件测试需求分析”和第 4 章“测评大纲主要内容”重点阐述软件测试需求分析活动的工作内容和方法，以及这些活动产生的成果的记录形式。

第 5 章“软件测试设计”和第 6 章“测试说明主要内容”重点阐述软件测试设计活动的工作内容和方法，以及这些活动产生的成果的记录形式。

第 7 章“软件测试工作产品质量评价”给出一种软件测试需求分析与设计活动的工作产品的定量评价方法。

第 8 章“测试需求分析案例”分别以嵌入式软件和非嵌入式软件为例，给出了多个测试需求分析结果的正例和反例。

目 录

第1章 概念

1.1 软件测试

软件测试的对象是计算机程序、数据和文档。按照百度百科的定义，软件测试是一种用来促进鉴定软件的正确性、完整性、安全性和质量的过程。换句话说，软件测试是一种实际输出与预期输出之间的审核或比较过程。

软件测试的经典定义是：在规定的条件下对程序进行操作，以发现程序错误，衡量软件质量，并对其能否满足设计要求进行评估的过程。

在 1983 年 IEEE 提出的软件工程术语中，软件测试的定义是“使用人工或自动的手段来运行或测定某个软件系统的过程，其目的在于检验它是否满足规定的需求或弄清预期结果与实际结果之间的差别”。这个定义明确指出：软件测试的目的是检验软件系统是否满足需求。

根据软件测试的定义，以下 3 个要点需要格外关注。

1. 软件测试过程

软件测试过程就是比较实际输出与预期输出的过程。首先，需要明确这里所说的输出的含义。对不同级别的测试对象，输出的含义不同，预期输出的依据也不同。

- 在单元测试中，测试对象是函数(最小软件单元)，输出是指函数的输出。
- 在部件测试中，测试对象是软件部件(若干相关软件单元的集合，如一个源文件)，输出是指这个软件部件的输出。
- 在配置项测试中，测试对象是软件配置项，输出是指某个软件用例(功能需求)的基本流程和扩展流程中所有与软件外部交互过程中的输出。只有每一个输出都正确，才能证明相应的软件用例实现正确。这里的输出不能错误理解为设计中出现的某个中间变量；如果理解为中间变量，那么会导致以下问题：①为什么是这些变量，其他变量为什么不需要验证？②这些中间变量并不是软件真正的输出，即便这些变量被验证为正确，也无法证明软件真正的输出是正确的。

- 在系统测试中，测试对象是系统，输出是指某个系统用例(功能需求)的基本流程和扩展流程中所有与系统外部交互过程中的输出。

2. 软件测试目的

软件测试目的就是回答软件是否满足需求。软件需求通常使用软件需求规格说明文档确认固化，这是软件测试的依据。原则上，软件测试就是对每一条软件需求进行多方验证，以证明被测试的软件正确实现了需求。但是，如果测试依据本身出错，那么依据错误需求开展的测试就不可能达成预期的测试目的。因此，要圆满完成测试工作，测试人员必须具备良好的软件需求分析能力。首先对软件需求开展审查，确保需求的正确性和完备性，才能保证软件测试后续工作实施的有效性。

3. 软件测试与软件质量的关系

软件测试只能促进软件质量，不是软件质量的保证，更不是决定软件质量的关键。软件测试只是构成软件质量影响因素链中的一个环节；这个链中包括需求分析、设计、编码、测试等活动环节，每一个环节的工作质量都直接影响着软件质量，而需求分析和设计才是决定软件质量的关键因素。因此，软件质量不是测出来的。

1.2 测试级别

软件测试针对不同级别的软件对象通常可分为 4 个测试级别：单元测试、部件测试、配置项测试、系统测试。

这 4 个测试级别面向的测试对象不同。测试对象分为软件单元、软件部件、软件配置项和系统/子系统。这些测试对象之间的关系见图 1-1。

(1) 软件单元是组成软件的最小的不可分割部件，例如结构化编程中的函数、面向对象编程中的类。

(2) 软件部件分为两层，第一层是构成软件配置项的软件(如某个 DSP 软件、FPGA 软件等)，第二层是构成软件的部件(如*.c 文件、*.cpp 文件等)，由最小软件单元组成。

(3) 软件配置项是多个软件的集合。

(4) 系统/子系统由计算机软件配置项(CSCI)和硬件配置项(HWCI)组成。

需要说明的是，图 1-1 中的软件部件、软件单元是为了以示区别而命名的，这些都可以统称为软件单元。

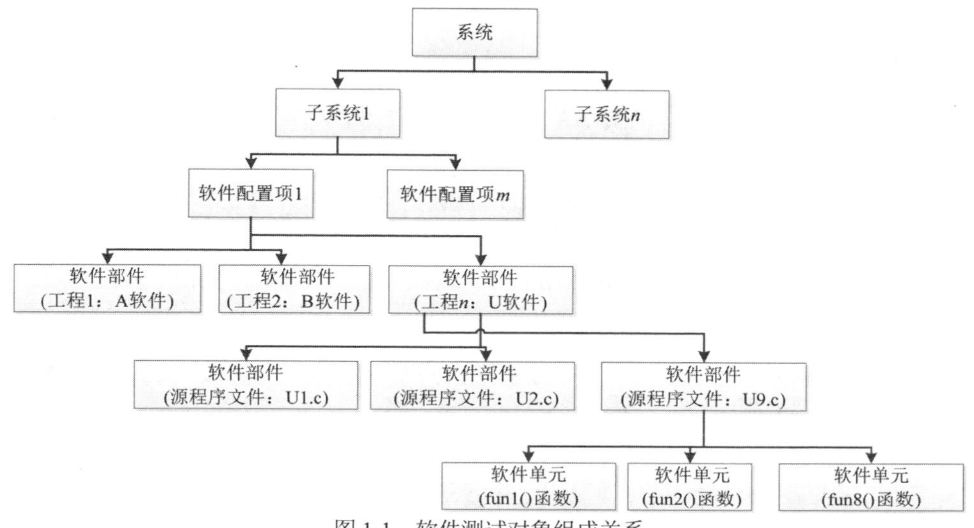

图 1-1 软件测试对象组成关系

4 个测试级别和测试对象之间的关系见表 1-1。

表 1-1 测试级别和测试对象的关系

测试级别	测试对象	备注
单元测试	软件单元	函数、类等
部件测试	第一层软件部件：软件	DSP 软件、FPGA 软件等
	第二层软件部件：实体文件	*.c 文件、*.cpp 文件
配置项测试	软件配置项	多个软件的集合；如 1 个 DSP 软件和 1 个 FPGA 软件构成 1 个 CSCI
系统测试	系统、子系统/分系统	CSCI 和 HWCI 的集成

- 单元测试面对的测试对象是构成软件的最小单元，即软件单元层(函数或类)。
- 部件测试面对的测试对象是由多个软件单元组成的软件模块(源程序文件)或由软件模块组成的软件部件(工程)。
- 配置项测试面对的测试对象是由多个软件(工程)组成的软件配置项。
- 系统测试面对的测试对象是由多个软件配置项和硬件配置项组成的系统。

需要说明的是，如果一个软件配置项仅由一个软件(工程)组成，那么部件测试只对软件部件(源文件)有效。同理，如果一个系统仅由一个软件配置项组成，没有硬件配置项和其他软件配置项，那么系统测试和配置项测试等效。

这些测试级别不仅对应的测试对象不同，在测试目的、测试责任方、测试开展阶段、测试依据等方面也不相同。

1. 单元测试

- 测试目的：检验软件基本组成单元的正确性。
- 测试对象：软件设计的最小单位，如函数或类。
- 测试阶段：单元编码完成后。
- 测试人员：白盒测试工程师或软件编码工程师。
- 测试依据：软件设计说明中的详细设计内容。
- 测试方法：白盒测试；通常使用商业白盒测试工具，部分需要使用插桩方法。
- 测试内容：
    - 验证函数的功能、对外接口实现的正确性；对应的测试类型是功能测试、接口测试等。
    - 验证编码符合相应编码规则的程度；对应的测试类型是代码审查。
    - 验证编码与设计的逻辑处理的一致性；对应的测试类型是代码审查、静态分析。
    - 验证编码逻辑实现的正确性；对应的测试类型是逻辑测试、代码走查。
    - 验证编码实现某种特定算法的正确性；对应的测试类型是数据处理测试。

2. 部件测试

部件测试也称为集成测试，指对软件单元采用适当的集成策略进行组装测试。

- 测试目的：检验软件单元集成后是否能够按预期运行。
- 测试对象：软件部件(工程、源程序文件)。
- 测试阶段：源文件包含的所有软件单元完成单元测试后，或工程下的所有软件源文件完成测试后，进入测试阶段。
- 测试人员：白盒测试工程师或软件编码工程师。
- 测试依据：软件设计说明中的体系结构设计内容。
- 测试方法：白盒测试。
- 测试内容：
    - 验证软件架构设计师分配给该源文件的功能、对外接口实现的正确性；对应的测试类型是功能测试、接口测试，以及边界测试、人机交互界面测试等。
    - 验证该源文件内部软件单元之间接口实现的正确性；对应的测试类型是接口测试。
    - 验证该源文件内部软件单元之间调用关系和设计的一致性；对应的测试类型是代码审查。
    - 验证该源文件处理的全局变量、(并发)控制流和设计的一致性；对应的测试类型是静态分析。

3. 配置项测试

按照GJB 2786A的定义，计算机软件配置项(CSCI)是“满足最终使用要求并由需方指定进行单独配置项管理的软件集合”。CSCI的选择基于对下列因素的权衡：软件功能、规模、宿主机或目标计算机、开发方、保障方案、重用计划、关键性、接口考虑、需要单独编写文档和控制，以及其他因素。

- 测试目的：检验多个可独立运行的软件集成后是否能够按预期运行。
- 测试对象：软件配置项(多个软件的集合)。
- 测试阶段：所有软件部件完成集成测试后进行。
- 测试人员：研发组织内部或第三方测评机构的测试工程师。
- 测试依据：软件需求规格说明。
- 测试方法：黑盒测试。
- 测试内容：
    - ◆ 验证系统架构设计师分配给该软件配置项的功能、对外接口实现的正确性；对应的测试类型是功能测试、接口测试，以及边界测试、人机交互界面测试等。
    - ◆ 验证该软件配置项内部多个软件之间接口实现的正确性；对应的测试类型是接口测试。
    - ◆ 验证该软件配置项的源代码规范性；对应的测试类型是代码审查。
    - ◆ 验证该软件配置项处理的全局变量、(并发)控制流和设计的一致性；对应的测试类型是静态分析。
    - ◆ 验证该软件配置项是否满足质量因素需求和设计约束需求；对应的测试类型是性能测试、余量测试、容量测试、强度测试、安全性测试、恢复性测试等。

4. 系统测试

- 测试目的：检验系统中所有配置项(软件配置项和硬件配置项)集成后能否按照预期运行。
- 测试对象：整个系统(含软件配置项和硬件配置项)。
- 测试阶段：所有软件配置项的配置项测试通过后。
- 测试人员：研发组织内部或第三方测评机构的测试工程师。
- 测试依据：系统规格说明文档、运行方案说明文档等。
- 测试方法：黑盒测试。
- 测试内容：
    - ◆ 验证系统需求(论证)分析人员分配给该系统的功能、对外接口实现的正确性；对应的测试类型是功能测试、接口测试，以及边界测试、人机交互界面测试等。

◆ 验证该系统是否满足质量因素需求和设计约束需求；对应的测试类型是性能测试、余量测试、容量测试、强度测试、安全性测试、恢复性测试、安装性测试、兼容性测试等。
◆ 验证该系统在其所属组织中完成相应业务的能力是否满足运行方案要求；对应的测试类型是功能测试、性能测试、余量测试、容量测试、强度测试、安全性测试、恢复性测试、人机交互界面测试、安装性测试、兼容性测试等。

5. 验收测试

验收测试也称为合格性测试，是向需方交付软件/系统之前的最后一个测试工作，是研制阶段的最后一个测试活动。例如，CSCI 合格性测试是软件配置项研制阶段的最后一个测试活动，系统合格性测试是系统研制阶段的最后一个测试活动。实际情况是，配置项测试等效于 CSCI 合格性测试，系统测试等效于系统合格性测试。

需要说明的是，这里的需方不是指软件/系统的最终使用方，而是指软件或系统研制合同/任务书中的甲方。

- 测试目的：按照项目研制合同、任务书、双方约定的验收依据文档，向软件或系统采购方证实该软件或系统满足甲方需求。
- 测试对象：软件配置项或整个系统(包括软件配置项和硬件配置项)。
- 测试阶段：与配置项测试或系统测试相同。
- 测试人员：需方指定的验收机构(通常独立于系统或软件研制团队)。
- 测试依据：研制合同。
- 测试方法：黑盒测试。
- 测试内容：同配置项测试或系统测试。

4 个测试级别对应的测试活动在传统软件开发活动中的位置见图 1-2。

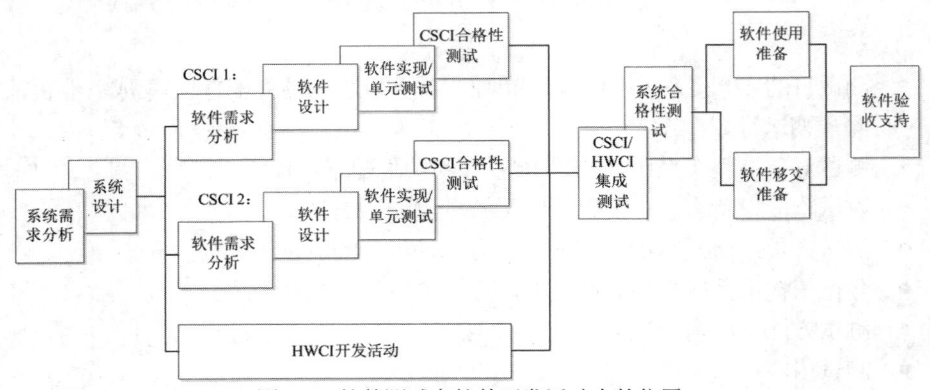

图 1-2　软件测试在软件开发活动中的位置

其中，“软件实现/单元测试”活动包括了单元测试和部件测试。

如果没有要求研发团队必须完成配置项测试，那么配置项测试可以和 CSCI 合格性测试等效；同样，如果没有要求研发团队必须做系统测试，那么系统测试可以和系统合格性测试等效。

每一个测试级别下的软件测试过程通常都包括以下活动：测试需求分析、测试策划、测试设计与实现、测试执行和测试总结。

其中，测试需求分析是决定测试有效性的关键性活动，测试设计是决定测试有效性的重要活动。尤其对配置项测试和系统测试而言，由于这两个测试级别通常是使用黑盒测试方法开展，不像白盒测试方法那样较容易定量证明测试的有效性(如语句覆盖率、分支覆盖率、条件覆盖率等)，因此本书重点描述针对软件配置项或系统开展测试需求分析和测试设计活动的相关内容。

1.3 测试类型

常用测试类型主要包括文档审查、代码审查、静态分析、代码走查、逻辑测试、功能测试、接口测试、性能测试、余量测试、容量测试、强度测试、可靠性测试、安全性测试、恢复性测试、边界测试、数据处理测试、安装性测试、人机交互界面测试、兼容性测试和标准符合性测试等。

不常用测试类型主要包括敏感性测试、中文本地化测试、互操作性测试。

每种测试类型面对不同的问题域，侧重解决的问题各不相同。深刻理解这些测试类型的概念定义并明确其内涵和外延是软件测试需求分析的基本能力。

1.3.1 文档审查

文档审查是对软件开发文档的完整性、准确性、一致性、可测试性、可追踪性进行检查。

- 完整性是指内容无遗漏。例如，按照 GJB 438C 的要求，各个章节的内容没有遗漏。完整性是文档审查的关键要素之一，也是考量测试人员文档审查能力的关键点。评价文档内容的完整性不是仅检查其章节与 GJB 438C 的符合性。有时即便文档完全按照要求的章节编写，其内容也并未按照要求编写；对于这种只有形式而无实质性内容的情况，测试人员需要深刻理解文档模板的每个章节的用途(为什么模板中设计这个章节)，以便有能力发现软件需求分析人员遗漏的各项需求(功能、质量因素、设计约束)。
- 准确性是指内容表述正确、无歧义。准确性是文档审查的另一项关键因素，同样也是考量测试人员文档审查能力的关键点。评价文档内容的准确性需要在每个章节内容的要素完整的基础上，检查其要素内容表述的准确性。准确性至少包含正确性和无歧义两个层面。例如对功能而言，需要审查识别的需求是否正确以及对需求的各个要素的表述正确且不存在二义性。

- 一致性是指上下文之间表述一致。
- 可测试性是指需求都可以通过黑盒测试手段进行验证。
- 可追踪性是指需求都有明确出处，意味着需求不是无水之源。

1. 能力要求

需求类文档(包括系统/子系统规格说明、软件需求规格说明)和设计类文档(包括系统/子系统设计说明、软件设计说明)是文档审查的核心文档，而对这些文档的准确性检查是文档审查的主要工作。因此，开展文档审查的测试人员必须具备基本的软件需求分析能力以及基本的软件设计能力，否则不可能对需求文档和设计文档的正确性进行评判。

首先，测试人员需要系统、全面地理解各类软件开发文档模板的主旨内容，并且掌握常用的、主流的软件需求分析方法。一个优秀的文档审查人员应该掌握良好的需求分析方法和具备一定的领域经验；一个合格的文档审查人员至少应掌握良好的需求分析方法。而一个不合格的文档审查人员因为能力欠缺，最容易出现如下问题。

(1) 分不清需求和设计；审查通过的需求文档中充斥着大量设计内容。

(2) 不理解能力需求的概念；审查通过的需求文档中一方面遗漏重要的能力需求，另一方面又充斥着大量的不是能力需求的描述。

(3) 未掌握需求规格的要点，不知道需求规格应该用什么方法描述才能满足要求；审查通过的需求文档中充斥着似是而非的、笼统的甚至错误的规格描述，或者需求文档中出现只有需求没有规格说明的情况。

(4) 看不懂 UML 图，不具备基本的 UML 知识；当开发人员使用 UML 图的方法开展需求分析时，无论需求描述存在多少错误，文档审查都能够通过。

如果出现上述任何一类问题，都可能导致文档审查无效，而这种无效又可能造成软件测试无效这样非常严重的后果。

高质量的文档审查工作是确保高质量的软件测试需求分析的前提，而高质量的软件测试需求分析又是确保高质量的测试设计工作的前提。因此，高质量的文档审查工作是确保测试工作质量的关键所在。

如果对软件测试工作中各项活动分配重要度，建议文档审查占比至少为 40%，测试需求分析活动为 40%，测试设计活动为 10%，测试执行和测试总结各占 5%。

其次，测试人员需要深刻理解软件开发文档的编写要求，如 GJB 438C—2021《军用软件开发文档通用要求》，对这类标准的理解程度要达到熟知每个章节的以下内容。

(1) 为什么(why)有这条编写要求，这条要求解决的是什么问题。例如，软件需求规格说明要求的“要求的状态和方式”。这条要求解决的重点是，需要根据系统设计的结果，识别出软件应该具备的不同状态、不同状态之间的转换条件以及每种状态下不同的能力需求；且这些状态是能够从软件外部观察的。

(2) 这条要求应该写什么(what)。例如，软件需求规格说明要求的“能力需求”中的功能需求；除了需要正确识别出功能需求，还需要描述功能需求的规格，主要包括8个要素：用例名称/标识、用例概述、执行者、前置条件、后置条件、基本流程、扩展流程和规则与约束。

又如，软件需求规格说明要求的“安全性要求”“保密性要求”。软件需求分析人员经常脱离软件实际应用环境和运行环境，写一些放之四海而皆准的内容；或者软件需求分析人员未掌握软件质量因素的分析方法，遗漏一些非常重要的质量因素要求，导致应该写的都没有写，写的都是不应该写的内容。

(3) 这条要求应该怎么(how)描述，用什么方法和描述到什么程度合适。特别是对软件需求规格说明的能力需求内容，软件需求分析人员采用什么方法开展需求分析决定了能力需求的描述方法。试想以下场景，如果几个不具备良好需求分析方法的软件需求分析人员对同一个软件用同一个需求文档模板当填空题做，会出现什么结果？结果就是，每个人按照模板填出来的答案都不相同。那么，测试人员应该依据哪个需求文档开展测试呢？难道这个软件的需求集合不是唯一的吗？

(4) 文档模板要求条款之间的关系。例如，软件需求规格说明的功能需求和接口需求的关系、接口图和用例图的关系、功能需求与内部数据需求的关系、质量因素和设计约束的关系等。

(5) 不同文档之间的关系。软件开发文档是不同软件开发活动的工作方法、工作内容的记录，文档之间是环环相扣的，内容密切相关，不可能存在一个孤立的文档。因此，文档审查需要检查存在关系的文档中的相关内容是否正确。不同文档之间的关系见表1-2。

表1-2 不同文档之间的关系

文档名称	编写目的	相关关系
运行方案说明	● 说明新系统所属的业务组织的业务(核心价值)和当前的业务流程 ● 说明引进新系统后，组织的业务流程发生了什么变化	—
系统/子系统规格说明	描述系统的三类需求：功能、质量因素、设计约束	主要功能需求来源于运行方案说明
系统/子系统设计说明	说明系统的体系结构设计(系统部件之间的静态关系和动态关系)以及设计决策(确定关键部件的原因等)	(1) 设计决策——系统关键性需求 设计决策是对系统关键性需求的解决方案 (2) 执行方案——系统能力需求 执行方案是说明系统部件之间如何协作实现系统的每一项能力需求

(续表)

文档名称	编写目的	相关关系
软件研制任务书	对系统设计的软件部件分配职责	软件功能来源于系统/子系统设计说明中的部件动态执行方案
软件需求规格说明	描述软件配置项的三类需求的规格：功能、质量因素、设计约束	软件的主要能力需求来源于软件研制任务书
软件设计说明	说明 CSCI 的体系结构设计(软件部件之间的静态关系和动态关系)以及设计决策(确定关键部件的原因等)	(1) 设计决策——CSCI 关键性需求 设计决策是对 CSCI 关键性需求的解决方案 (2) 执行方案——CSCI 能力需求 执行方案是说明软件部件之间如何协作实现 CSCI 的每一项能力需求

2. 软件需求规格说明审查要点

软件需求规格说明是软件需求分析活动的工作产品，该工作产品主要记录软件需求分析活动的两项主要内容：一是软件需求分析人员识别出来的(三类)需求；二是对识别出的需求确定规格。

可见，软件需求规格说明文档中必须包含两项内容。

- 软件的三类需求：功能、质量因素和设计约束；
- 每项需求的规格说明。

因此，测试人员对软件需求规格说明的审查要点如下。

(1) 识别的需求是否正确。

(2) 需求的规格要素说明是否完备。

(3) 需求的规格要素说明是否准确。

对上述审查要点，这里以功能需求为例，说明文档审查的方法。

1) 审查功能需求的正确性

常见问题如下。

(1) 将 CSCI 的部件(如某源文件、某函数)功能识别为 CSCI 的功能。同样的问题是将系统中部件的功能识别为系统功能。例如，对于一个作战无人机系统，电源管理功能只是机载电源设备(系统部件)对其他机载用电设备(其他系统部件)提供的服务，即在作战无人机系统的外部并没有涉众或系统要求无人机系统提供电源管理服务，因此该功能不属于系统功能。

另一种错误是将系统设计约束或质量因素要求识别为系统功能。例如，对于一个作战无人机系统，如果需方要求必须使用北斗导航，禁止使用 GPS 导航，那么使用北斗导航要求属于系统设计约束(需方要求的使用环境约束)；北斗导航功能同样不属于系统功能，因为该功能只是机载北斗设备(系统部件)向飞控计算机(其他系统部件)提供的服务，并不是向无人机系统外部的涉众或系统提供的服务。

(2) 将CSCI某项功能的局部视为完整功能。基本流程是CSCI的功能需求必备的规格要素，经常出现的问题是将基本流程中的部分步骤识别为一项独立的CSCI功能。

(3) 将CSCI的某些功能打包当成一项CSCI功能。

对于上述常见问题，需要文档审查人员深刻理解关于“功能”的定义，用功能的定义评判软件需求中识别出的功能需求是否正确，同时掌握UML用例图的基本知识，评判软件需求中的用例图是否正确，从用例图中识别出错误用例。

2) 审查功能需求的规格要素完备性

功能需求的规格要素至少包括以下8项。

(1) 用例名称、标识。

(2) 功能概述。

(3) 执行者：指该功能涉及的主执行者和辅助执行者。

(4) 前置条件：指该功能执行前软件必须具备的状态、条件。

(5) 后置条件：指该功能执行结束时软件达到的状态、条件。

(6) 基本流程：指该功能执行时与外部交互的过程(当按照基本流程执行结束时，软件实现了该功能所定义的价值)。

(7) 扩展流程：指该功能按照基本流程执行时，对发生的意外情况进行处理的过程。

(8) 规则与约束：指该功能执行的各类约束条件，包括业务规则、输入/输出数据约束、性能要求、交互要求等。

依据以上要素，对每项功能需求的规格说明开展完备性审查。

3) 审查功能需求的规格要素准确性

对规格要素的准确性进行审查，需要具备软件需求分析的基本能力，要点如下。

(1) 识别的主执行者是否正确。

(2) 判断前置条件是否是软件能够检测的，是否必需。

(3) 判断后置条件是否是软件能够检测的，是否是必需。

(4) 判断基本流程的步骤描述是否是严格按时间顺序执行的，所描述的与软件外部的交互过程是否准确，是否能够说明该功能定义的价值。

(5) 判断扩展流程的描述是否明确从基本流程的哪个步骤扩展而来，每一个扩展处理描述的与外部的交互过程是否准确。

(6) 判断所有步骤中涉及的输入、输出数据的约束要求是否准确，与外部接口章节所描述的接口需求是否一致。

(7) 判断对该功能所定义的核心价值的实现程度是否需要进行定量度量，如果需要，描述的性能要求是否准确。

(8) 该功能是否涉及业务规则要求，如果涉及，描述的业务规则是否准确。

4) 审查功能需求与接口需求的一致性

这是指对功能需求的规格要素和接口需求的规格一致性进行审查，要点如下。

(1) 功能需求中描述的外部执行者(主执行者和辅执行者)是否在 CSCI 外部接口图中出现。

(2) CSCI 外部接口图中出现的外部接口实体是否在功能需求中出现。

(3) 功能需求中描述的与外部执行者交互的数据是否都在对应接口(与该外部执行者的接口)说明中出现。

(4) 与某个外部执行者的接口的说明中的各个数据是否均在功能需求中出现。

3. 软件设计说明审查要点

软件设计说明是软件设计活动的工作产品，该工作产品主要记录软件设计活动的两项主要内容：一是针对关键性需求确定设计解决方案(设计决策)；二是针对主要功能需求设计 CSCI 部件。可见，软件设计说明文档中必须包含 3 项内容。

(1) CSCI 级设计决策：针对关键性需求(来自功能、质量因素和设计约束)，给出设计解决方案。

(2) 说明所设计的 CSCI 部件之间的静态关系，即部件(.c 文件)之间的调用关系。

(3) 说明所设计的 CSCI 部件之间的动态关系，即针对 CSCI 的每项功能需求，CSCI 部件之间协同完成该项功能的关系。

因此，测试人员对软件设计说明的审查要点如下。

(1) 识别的关键性需求是否准确。

(2) 对每项关键性需求给出的设计解决方案是否有效。

(3) CSCI 部件之间的调用关系描述是否准确、完备。

(4) 是否按照 CSCI 功能分别描述了 CSCI 部件之间的动态关系。

(5) 在 CSCI 部件的动态关系描述中，是否为每个 CSCI 部件有效分配了相应功能。

4. 示例 1

以下内容是软件需求规格说明中的“诸元解算”功能的需求描述。

(1) 功能说明：该功能主要用于简易法、精密法、成果法、优补法计算射击诸元。

(2) 前置条件：解算软件正常启动，具有可用的临时或正式射表，间瞄射击时使用。

(3) 输入：包括四类射击条件参数。

- 前向条件数据。
- 遮蔽顶数据。
- 射击条件数据。
- 射击修正量数据。

(4) 处理流程。

- 输入参数合理性判断；
- 根据选择的射击诸元计算方法和射击条件进行解算；
- 输出解算结果及提示信息。

(5) 输出：诸元计算结果、遮蔽顶判定结果、整理成果、其他提示信息。

(6) 性能及约束条件。

- 不同的射击条件决定不同的诸元计算方法；
- 在相同输入条件下，以正式射表的弹道方程组数值积分结果为标准，诸元解算精度为距离误差不大于 0.08%DM(中间差，DM 为炮目距离)，方向误差不大于 0.9 密位(中间差)。

(7) 异常处理要求：当输入可能导致系统崩溃或无法在规定时间内完成计算时，应终止计算并给出适当提示。可能的提示如下。

- 计算超时错误；
- 单中输入错误；
- 高空气象数据错误；
- 炮目距离太小；
- 目标高程大于最大弹道高。

文档审查发现的问题如表 1-3 所示。

表 1-3 文档问题(示例 1)

文档问题简述	文档问题描述
前置条件描述错误	• “解算软件正常启动”是软件正常工作的前提，不是某个用例的特定前提 • “间瞄射击时使用”是由操作手决定的，软件无法检测到，因此不是该用例的前置条件
输入数据不明确	• 仅描述了输入数据的类型，未描述输入数据的物理意义及其取值范围，因此在需求层面无法获知软件对输入数据的处理能力要求 • 输入数据不完整，遗漏了解算需要的部分数据，如单中、目标位置等
处理流程不明确	• “输入参数合理性判断”未描述具体是什么参数、合理性判断的原则或方法。由于描述不明确，因此无法获取任何相关需求信息 • “根据选择的射击诸元计算方法和射击条件进行解算”未明确说明射击诸元计算方法和射击条件的关系，以及在哪种解算方法下用什么条件参数参与解算 • 前置条件中提到“具有可用的临时或正式射表”，但在处理流程中未提到关于射表的任何信息

(续表)

文档问题简述	文档问题描述
输出数据不明确	仅描述了输出数据的类型，未描述输出数据的物理意义及其取值范围，因此在需求层面无法获知软件输出要求
性能及约束条件不明确	“不同的射击条件决定不同的诸元计算方法”未明确两者之间的逻辑关系
丢失必要的性能指标	● 解算用时影响效力射的时机，因此解算时间应该是必要的性能指标 ● 解算的精度影响效力射的准确性，因此解算精度应该是必要的性能指标
异常处理中的异常情况与处理对应关系不明确	● 异常处理描述了软件异常时的行为，未明确说明在何种异常条件下软件应表现出何种行为。异常条件确定，但导致异常行为的原因不明确 ● 未明确各个异常行为的优先级顺序，当出现多个异常条件时，无法判断软件的异常行为
简易法、精密法、成果法、优补法应该是4个功能需求，不能合并为“诸元解算功能”	使用哪种解算方法是由操作手根据现场实际情况来决定的，不是软件根据某种原则选择的，因此4种解算方法是4个独立的功能需求，不应该合并

5. 示例2

以下是互锁模式功能的需求规格说明。

(1) 功能说明：上电即进入互锁模式。在该模式下，软件能够根据操控盒的输入，以及作业机构状态检测开关信号，对互锁逻辑关系进行判断，防止操作人员的误操作。

(2) 前置条件：上电启动。

(3) 输入：操控盒软件输入信号，包括定位拔销、卷筒(升/降)、摆杆(收放)、绞盘(收放)、引导(铺设/撤收)、控制模式(自动/解锁)。

(4) 处理流程。

- 判断操控盒是否在线，若不在线，则禁止所有输出。
- 操控盒在线时，软件根据作业机构状态检测开关信号，对操控盒传来的操作信号进行互锁逻辑关系判断；当判断为错误操作时，不输出控制信号，同时向操控盒发出点亮红色指示灯命令。
- 在作业机构状态正常时，向操控盒发出点亮绿色指示灯命令指示允许的操作，从而给操作手提供作业向导。

(5) 输出：电磁阀输出使能标识、指示灯显示。

(6) 性能及约束条件：信号采集处理时间<100ms。

(7) 异常处理要求：若换向阀控制输入数据异常，则禁止该电磁阀输出。

文档审查发现的问题如表 1-4 所示。

表 1-4　文档问题(示例 2)

文档问题简述	文档问题描述
需求不正确	“互锁模式功能”实质上是“操作互锁规则”，不是一个独立的功能需求，应该作为全部操作控制指令对应的功能需求的“规则与约束”，而且每条操作控制指令的互锁规则都不一样。如果将“互锁模式功能”作为一个独立的功能需求，就会和全部操作控制功能需求重复，出现冗余功能需求
输入信号不明确	没有描述输入信号的具体要求
前置条件不正确	上电启动不是软件应该检测和能够检测到的，因此不是前置条件。可能的前置条件是“操控盒在线”，即只有当软件检查发现操控盒在线时，软件的这个用例才能开始执行
输出不具备可测试性	“电磁阀输出使能标识”是对软件内部变量赋值，在软件的外部无法验证；即该输出不具备可测试性
处理流程第一步描述错误	第一步意味着用例已开始执行，也就是说，已经收到操控盒的某条指令；因此“判断操控盒是否在线，若不在线，则禁止所有输出”应该是用例的前置条件
处理流程第二步描述的互锁需求不明确	没有描述操控盒输入的全部指令和作业机构状态之间以及指令和指令之间的互锁逻辑，例如收到“卷筒(升)”指令时，判断作业机构处于何种状态时不能执行这条指令；另外，没有明确操作控制执行过程中是否存在互锁要求，例如在一条指令执行过程中是否能够接收执行其他指令
处理流程第三步描述的需求不明确	“在作业机构状态正常时”未明确什么是正常状态；“向操控盒发出点亮绿色指示灯命令指示允许的操作”未明确什么条件下允许哪些操作

1.3.2　代码审查

代码审查是指检查代码和设计的一致性、代码执行标准的情况、代码逻辑表达的正确性、代码结构的合理性以及代码的可读性。

代码审查通常有两种测试执行方式：人工检查和白盒测试工具自动化检查。

1. 人工检查

人工检查主要检查代码和设计的一致性。因为软件设计主要包括两部分内容(CSCI 体系结构设计和 CSCI 详细设计)，所以检查代码和设计的一致性需要覆盖这两部分内容的检查。

测试人员开展代码和设计一致性检查的前提条件是软件设计说明具备良好质量，对于不知所云、空洞无物、避重就轻、照抄软件需求规格说明或缺少主要设计细节的设计说明文档，任何人都无法完成代码实体和软件设计一致性检查工作。可见，文档审查非常重要；如果测试人员不具备审查软件设计说明的能力，质量不合格的软件设计说明将成为代码审查工作的最大障碍。

1) 检查代码和 CSCI 体系结构设计的一致性

建议使用专业白盒测试工具，首先从源代码文件中获取软件部件的静态关系，主要包括两类关系调用图：一类是源程序文件之间的关系图，另一类是每个源程序文件中的函数调用关系图。这两类调用关系图是 CSCI 体系结构设计的主要内容，体现了全部软件部件及其组成关系。然后人工检查这两类调用关系图和软件体系结构设计内容是否一致。

其次，需要从源代码文件中获取部件的动态关系，主要包括并行处理关系、状态转换关系等。然后人工检查这两类动态关系和软件架构设计内容是否一致。

2) 检查代码和 CSCI 详细设计的一致性

使用专业白盒测试工具，从源码文件中获取每个函数的处理流程图，检查每个流程图与 CSCI 详细设计内容是否一致。

2. 工具检查

白盒测试工具自动化检查主要检查代码对编码规范的符合程度、代码可读性等。

例如，对于 C 和 C++编程语言，测试工具 C++test、Testbed、Klockwork 等都支持代码审查自动化执行。可以检查源代码对 GJB 8114—2013《C/C++语言编程安全子集》编码规范的符合程度。

1.3.3 静态分析

静态分析是一种对代码程序化的、机械性的特性进行分析的方法。

所谓“代码程序化的特性”实质是指软件设计的最小单元和静态质量。

所谓“代码机械性的特性”实质是指软件的体系结构。对软件而言，其特点是代码以文本格式被写入由多层次调用关系组成的多个文件中，直接通过阅读理解代码本身是非常困难的。如果没有良好的体系结构设计，软件的函数调用关系可能是一团乱麻，从中阅读代码、厘清关系将困难重重。

软件体系结构设计主要包括两部分内容。

一是静态结构；主要包括软件源程序文件之间的关系、每个源文件内部函数之间的关系、全局变量与源文件的关系等。

二是动态结构；主要包括(多进程、线程、中断等)并发控制关系、软件状态转换关系，以及软件源程序文件或类之间形成的(随时间)动态职责链关系。

因此，静态分析的3个目的如下。

- 审查软件的静态体系结构；
- 审查软件的动态体系结构；
- 度量软件的静态质量。

1. 审查软件的静态体系结构

通过分析源程序文件的结构以及函数之间的调用关系，发现CSCI体系结构设计的缺陷。

(1) 源程序文件之间的调用关系是否清晰、有层次？

(2) 每个源程序文件内部的函数之间调用关系是否清晰、有层次？

(3) 函数调用层次是否过深、是否存在孤立函数、是否存在递归调用？

(4) 确定哪些函数是重要的和哪些是次要的，以及对这些函数的动态测试覆盖要求。

2. 审查软件的动态体系结构

由于一条职责链对应一项软件功能的实现，因此职责链关系通过功能测试验证。静态分析主要验证以下内容。

(1) 软件状态转换是否正确？

(2) 并发控制流是否正确？

(3) 审查软件的详细设计，主要通过分析每个函数的控制流图，发现函数的处理逻辑缺陷。例如

- 函数是否存在死代码？
- 函数是否出口太多？
- 函数是否结构复杂(如超过10个逻辑判断节点)？

3. 度量软件的静态质量

软件静态质量度量项通常包括如下内容。

- 代码规模；
- 注释行数；
- 模块数；
- 模块代码行数；
- 模块圈复杂度；

- 模块基本复杂度；
- 模块扇入数；
- 模块扇出数。

对上述度量项是否达标的指标要求，一般建议如下。

(1) 软件的总注释率大于 20%；

(2) 模块的平均规模小于 200 行；

(3) 模块的平均圈复杂度小于 10；

(4) 模块的平均扇出数小于 7。

1.3.4 代码走查

代码走查是由测试人员集体阅读讨论程序，用“脑”执行测试用例。其他测试类型的测试用例都是程序执行的，而代码走查的测试用例是人脑执行的。

代码走查的主要目的是发现软件设计缺陷，而不是发现通过代码审查就能看到的编码不规范、编码与设计不一致等问题，因此代码走查绝不是简单地读程序。代码走查对测试人员能力要求较高，不仅需要掌握编程语言的语法规则，更重要的是需要非常了解待走查代码的功能要求，以及运行环境、使用要求等一些非功能性需求。

代码走查需要预先准备一批有代表性的测试用例。“有代表性”是指针对需要解决的问题有代表性，因此测试人员需要在测试需求分析活动中，确定需要对哪些代码做代码走查、为什么做代码走查，以及确定代码走查应覆盖的测试点。

代码走查在执行测试用例时，测试人员要对程序的逻辑和功能提出质疑，针对质疑展开讨论，据此发现更多问题。因此代码走查在形式上类似开评审会，需要耗费大量时间和精力。测试人员最好事先做足功课，充分了解待走查代码的需求、设计以及应用背景，避免浪费代码走查的讨论时间。

开展代码走查的原因通常可以总结为以下 3 种。

(1) 某些功能因为测试环境的原因无法通过黑盒测试方法验证。可以在代码审查的基础上，增加一些异常情况或特殊正常情况的测试点，进行代码走查，充分验证软件在各种情况下均正确实现了该功能。

(2) 对安全性等级为关键的代码需要加强验证。如果这些代码失效，可能导致类似“机毁人亡”“卫星失控”这样的重大事故。这类软件代码应在其他测试类型基础上增加针对软件设计合理性的代码走查，确保软件设计人员最大限度考虑了软件可能遇到的情况，以及每种情况下所设计的软件处理逻辑的正确性。

(3) 当发生某些难以复现的软件缺陷时，需要测试人员圈定相关代码范围，通过代码走查确定导致缺陷的原因。

1.3.5 逻辑测试

逻辑测试是测试程序逻辑结构的合理性和实现的正确性。逻辑测试的分析对象是软件单元。

逻辑测试需要事先根据程序的控制结构设计测试用例，其原则是：①保证一个函数中的所有独立路径至少被执行一次；②对语句中的所有逻辑值均须测试 True 和 False；③循环的条件需要全部测试。

可见，逻辑测试要求对程序的逻辑结构遍历，以实现程序的覆盖性测试。从覆盖源程序语句的详尽程度分析，程序的覆盖性分为不同的覆盖标准：语句覆盖、判定覆盖、条件覆盖、条件判定组合覆盖、多条件覆盖和修正条件/判定覆盖。

逻辑测试中常用到 3 个基本概念：判定、条件和执行路径。这里以图 1-3 为例进行介绍。

(1) 判定表示由条件和零或多个布尔操作符号(&&、||)所组成的一个布尔表达式。

(2) 条件表示不含有布尔操作符号的布尔表达式。

(3) 执行路径表示根据判定表达式的判定结果由软件执行的路径。

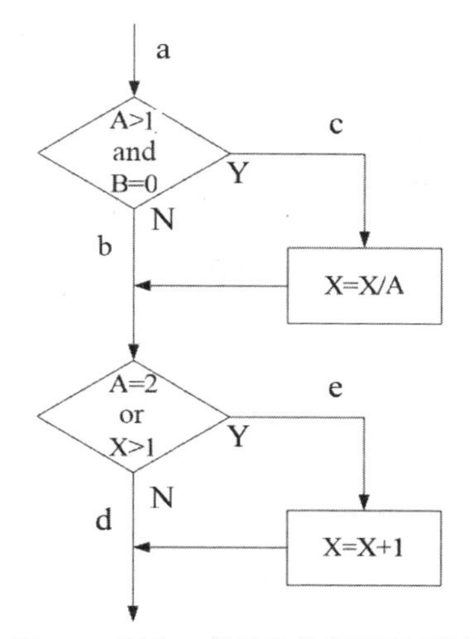

图 1-3 判定、条件和执行路径示例

在图 1-3 中，包含两个判定表达式：if(A>1 and B=0)和 if(A=2 or X>1)。

每个判定表达式中有两个条件：if(A>1 and B=0)中的条件是 A 和 B；if(A=2 or X>1)中的条件是 A 和 X。

判定表达式的判定结果决定了程序有 4 条执行路径：acbed、abd、abed、acbd。

逻辑测试包括五类逻辑覆盖，见表 1-5。

- 语句全覆盖(1)；
- 覆盖判定表达式取值(2)；

- 覆盖判定表达式中所有条件的可能取值(3)；
- 覆盖判定表达式中所有条件的全部取值的组合情况(4)；
- 当存在多个判定表达式时，覆盖多个判定结果的组合情况(5)。

表 1-5　逻辑测试的五类覆盖

逻辑测试类型	覆盖要求	五类逻辑覆盖情况				
		1	2	3	4	5
语句覆盖	每条语句至少执行一次	✔	✘	✘	✘	✘
判定覆盖	● 每条语句至少执行一次 ● 每条判定结果的取值(True、False)至少执行一次	✔	✔	✘	✘	✘
条件覆盖	● 每条语句至少执行一次 ● 每条判定表达式中所有条件的全部取值至少执行一次	✔	✘	✔	✘	✘
条件判定组合覆盖	● 每条语句至少执行一次 ● 每条判定结果的取值(True、False)至少执行一次 ● 每条判定表达式中所有条件的全部取值至少执行一次	✔	✔	✔	✘	✘
多条件覆盖	● 每条语句至少执行一次 ● 每条判定结果的取值(True、False)至少执行一次 ● 每条判定表达式中所有条件的全部取值至少执行一次 ● 每条判定表达式中所有条件的取值的可能组合至少执行一次	✔	✔	✔	✔	✘

1. 语句覆盖(SC)

语句覆盖是指设计足够多的测试用例，使得程序中的每条语句至少执行一次。但是，即使每条语句都被测试覆盖，也不能保证程序中的逻辑判断语句是正确的。因此100%的语句覆盖型的逻辑测试只能对没有逻辑判断的软件单元完全有效。因为语句覆盖很难发现逻辑判断语句本身的错误，所以它是很弱的逻辑测试，只要覆盖每一条语句即可。

以图 1-3 所示为例，为使程序中的每一条语句至少执行一次，只要执行路径 acbed 即可。这样只需要构造一个测试用例即可实现 100%的语句覆盖：A=2，B=0(见表 1-6)。

表 1-6　语句覆盖

A	B	X	if(A>1 and B=0)	if(A=2 or X>1)	执行路径
A=2	B=0	X>1	True	True	acbed

可见，语句覆盖存在两类明显的缺陷：一是由逻辑决定的另外 3 条执行路径

(abd、acbd 和 abed)没有测试；二是没有测试判定表达式自身的正确性。例如针对 if(A>1 and B=0)，如果程序员将其误写为 if(A>1 or B=0)，测试用例(A=2，B=0)执行时，代码同样能执行路径 acbed。

2. 判定覆盖(DC)

判定覆盖是指设计足够多的测试用例，使得程序中的每条逻辑判断语句的每一种判定结果至少执行一次。也就是说，只要覆盖逻辑判断语句的每条出口有对应的分支即可。因此，判定覆盖又称为分支覆盖。

逻辑判断语句存在两种情况：双值判断语句和多值判断语句。

- 双值判断语句(如 if 语句)是指判定结果只能是 True 或 False。判定覆盖只要对判定结果为 True 时对应的分支进行至少一次测试，对结果为 False 时对应的分支也进行至少一次测试。
- 多值判断语句(如 case 语句)是指判定结果可以是多个。判定覆盖需要对每一种判定结果进行至少一次测试。

以图 1-3 所示为例，为使程序中的每一个判定结果分支至少执行一次，只要执行两条路径。

(1) 路径 acbed：第一个判定结果为 True，第二个判定结果也为 True。

(2) 路径 abd：第一个判定结果为 False，第二个判定结果也为 False。

这样只需要构造两个测试用例即可实现 100%的判定覆盖，见表 1-7。

① A=2，B=0；

② A=2，B≠0。

表 1-7 判定覆盖

A	B	X	if(A>1 and B=0)	if(A=2 or X>1)	执行路径
A=2	B=0	X>1	True	True	acbed
A=2	B≠0	X≤1	False	False	abd

可见，判定覆盖比语句覆盖对程序执行逻辑的覆盖稍好一些，但仍然存在两类明显的缺陷：一是由逻辑决定的另外两条执行路径(abed 和 acbd)没有测试；二是没有测试判定表达式自身的正确性。例如针对 if(A>1 and B=0)，如果程序员将其误写为 if(A>1 or B=0)，测试用例(A=2，B=0)执行时，代码同样能执行路径 acbed。

3. 条件覆盖(CC)

条件覆盖是指不仅程序中的每条语句至少被执行一次，而且使每个判定表达式中的每个条件都取到各种可能的结果；即每个判定的所有可能的条件取值至少执行一次。

如图 1-3 中例子所示，第一个判定表达式中的两个条件的所有可能取值如下：A>1、A≤1；B=0、B≠0；满足两个条件的可能取值情况如下。

① A>1，B=0；

② A≤1，B≠0。

第二个判定表达式中的两个条件的所有可能取值如下：A=2、A≠2；X>1、X≤1；满足两个条件的可能取值情况如下。

① A=2，X>1；

② A≠2，X≤1。

只需要用下面两个测试用例就可以满足“每个判定的所有可能的条件取值至少执行一次”，达到 100%的条件覆盖，见表 1-8。

(1) A=2，B=0，X=4；满足 A>1，B=0 和 A=2，X>1 的条件，执行路径 acbed。

(2) A=1，B=1，X=1；满足 A≤1，B≠0 和 A≠2，X≤1 的条件，执行路径 abd。

表 1-8　条件覆盖

A	B	X	if(A>1 and B=0)	if(A=2 or X>1)	执行路径
A=2	B=0	X>1	True	True	acbed
A=1	B≠0	X≤1	False	False	abd

可见，条件覆盖和判定覆盖一样，仍然存在测试不充分的缺陷。需要在条件覆盖的基础上，结合判定覆盖，做到两者兼顾，实现 100%的判定覆盖和条件覆盖。

4. 条件判定组合覆盖(CDC)

条件判定组合覆盖就是兼顾判定覆盖和条件覆盖的逻辑测试；是指设计足够多的测试用例，使得判定中每个条件的所有可能(True、False)至少出现一次，并且每个判定本身的判定结果(True、False)也至少出现一次。

如图 1-3 中例子所示，第一个判定表达式中的两个条件的所有可能取值如下：A>1，A≤1；B=0，B≠0；满足两个条件的可能取值情况如下。

① A>1，B=0；

② A≤1，B≠0。

第二个判定表达式中的两个条件的所有可能取值如下：A=2，A≠2；X>1，X≤1；满足两个条件的可能取值情况如下。

① A=2，X>1；

② A≠2，X≤1。

综合以上，再考虑两个判定表达式的判定结果的所有取值(True 和 False)也至少出现一次的情况。使用两个测试用例即可满足 100%的条件覆盖和判定覆盖，见表 1-9。

表 1-9 条件判定组合覆盖

A	B	X	if(A>1 and B=0)	if(A=2 or X>1)	执行路径
A=2	B=0	X>1	True	True	acbed
A≤1	B≠0	X≤1	False	False	abd

可见，条件判定组合覆盖仍然存在测试不充分的缺陷，需要在此基础上继续提高逻辑判断覆盖率。

5. 多条件覆盖(MCC)

多条件覆盖就是在条件判定组合覆盖的基础上，要求设计足够多的测试用例，使得每个判定条件的各种可能组合至少出现一次。

如图 1-3 中例子所示，第一个判定表达式中的两个条件的所有可能取值如下：A>1，A≤1；B=0，B≠0；两个条件的所有可能取值组合如下。

① A>1，B=0；

② A>1，B≠0；

③ A≤1，B=0；

④ A≤1，B≠0。

第二个判定表达式中的两个条件的所有可能取值如下：A=2，A≠2；X>1，X≤1；两个条件的所有可能取值组合如下。

① A=2，X>1；

② A=2，X≤1；

③ A≠2，X>1；

④ A≠2，X≤1。

综上，3 个条件(A、B、X)中 A 有 3 个取值，B 和 X 均有两个取值，见表 1-10。

表 1-10 3 个条件的取值情况

<table>
<tr><th>条件</th><th>条件取值要求</th><th>取值</th><th>备注</th></tr>
<tr><td rowspan="3">A</td><td rowspan="3">A>1，A≤1；
A=2，A≠2</td><td>A=2</td><td>满足 A=2 和 A>1</td></tr>
<tr><td>A=3</td><td>满足 A≠2 和 A>1</td></tr>
<tr><td>A≤1</td><td>满足 A≤1</td></tr>
<tr><td>B</td><td>B=0，B≠0</td><td>B=0，B≠0</td><td>—</td></tr>
<tr><td>X</td><td>X>1，X≤1</td><td>X>1，X≤1</td><td>—</td></tr>
</table>

因此，3 个条件共计有 12 个组合情况。使用 12 个测试用例即可满足 100%的多条件覆盖，见表 1-11。

表 1-11 多条件覆盖

A	B	X	if(A>1 and B=0)	if(A=2 or X>1)	执行路径
A=2	B=0	X>1	True	True	acbed
A=2	B=0	X≤1	True	True	acbed
A=3	B=0	X>1	True	True	acbed
A=3	B=0	X≤1	True	False	acbd
A=2	B≠0	X>1	False	True	abed
A=2	B≠0	X≤1	False	True	abed
A=3	B≠0	X>1	False	True	abed
A=3	B≠0	X≤1	False	False	abd
A≤1	B=0	X>1	False	True	abed
A≤1	B=0	X≤1	False	False	abd
A≤1	B≠0	X>1	false	True	abed
A≤1	B≠0	X≤1	False	False	abd

6. 修正条件/判定覆盖(MC/DC)

修正条件/判定覆盖是 DO-178B Level A 认证标准中规定的，欧美民用航空器强制要求遵守该标准。

MC/DC 首先要求实现条件覆盖和判定覆盖，在此基础上，对于每一个条件 C，必须测试到每个条件独立影响判定结果的情况。要求设计的测试用例存在符合以下条件的两次计算。

(1) 条件 C 所在判定内的所有条件除条件 C 外，其他条件的取值完全相同；

(2) 条件 C 的取值相反；

(3) 判定的计算结果相反。

为什么说“两次计算”，而不是“两个测试用例”呢？当循环中有判定时，一个用例下同一判定可能被计算多次，每次的条件值和判定值也可能不同。因此，一个用例就可能完成循环中判定的 MC/DC。

下面是 MC/DC 的示例。

```
int func(BOOL A, BOOL B, BOOL C)
{
    if(A && (B || C))
    return 1;
    return 0;
}
```

测试用例见表 1-12。

表 1-12 测试用例列表

条件	测试用例 1	测试用例 2	测试用例 3	测试用例 4
A	1	0	1	1
B	1	1	0	0
C	0	0	0	1
返回值	1	0	0	1

对判定 if(A && (B || C))中的 3 个条件，设计的 4 个测试用例能够满足 MC/DC 关于每个条件的两次计算的要求。

1) 条件 A

测试用例 1 和用例 2(两次计算)，A 取值相反，B 和 C 相同，判定结果相反(分别为 1 和 0)。

2) 条件 B

测试用例 1 和用例 3(两次计算)，B 取值相反，A 和 C 相同，判定结果相反(分别为 1 和 0)。

3) 条件 C

测试用例 3 和用例 4(两次计算)，C 取值相反，A 和 B 相同，判定结果相反(分别为 0 和 1)。

7. 选择 MC/DC 和 CDC 的策略

1) 两者的测试用例数量不同

MC/DC 是条件判定组合覆盖(CDC)的子集。条件判定组合覆盖要求覆盖判定中所有条件取值的所有可能组合，需要大量的测试用例，实用性较差。MC/DC 具有条件判定组合覆盖的优势，同时大幅减少用例数。满足 MC/DC 的用例数下界为条件数+1，上界为条件数的 2 倍。例如，判定中有 3 个条件，条件判定组合覆盖需要 8 个用例，而 MC/DC 需要的用例数为 4～6 个。如果判定中条件很多，用例数的差别将非常大。例如，判定中有 10 个条件，条件判定组合覆盖需要 1024 个用例，而 MC/DC 只需要 11～20 个用例。

2) 两者在测试中的覆盖面不同

MC/DC 方法的测试覆盖面大于 CDC 方法，即 MC/DC 的测试集检测出错误的概率比较高。

例如 if A or B then... else...，这条语句中的操作符号错误(将 and 误写成了 or)。

用 CDC 方法设计的测试集{TT，FF}进行测试是无法发现这个操作符号错误的；

因为 T and T = T or T，且 F and F = F or F，所以对 A or B 和 A and B 来说，CDC 的测试集无法发现将 and 写成 or 的特定错误。

而用 MC/DC 方法设计的测试集{FF，TF，FT}进行测试就能够发现操作符号写错了。因为 T or F=T，而 T and F=F，所以第二个测试用例(A=T，B= F)的预期结果是 F，却得到了 T，由此发现操作符号错误。

3) 两者的适用场景不同

因为设计 MC/DC 的测试集的要求比 CDC 严格，所以在测试设计上消耗的人力、物力、财力等高于设计 CDC 测试集；因此若用户对于测试程序的质量要求较高，而不考虑其他因素，那么可以使用 MC/DC 方法。

同时，由于 MC/DC 方法发现错误的准确率高于 CDC，因此 MC/DC 适合要求测试非常精确的软件项目，近年来 MC/DC 方法主要应用于大型的航空航天软件程序的测试。

1.3.6 功能测试

功能测试是对系统或软件需求规格说明中的功能需求逐项进行测试，以验证其功能是否满足需求规格说明的要求。

通常，在系统测试级别，功能测试的依据是系统规格说明；在配置项测试级别，功能测试的依据是软件需求规格说明；在部件测试和单元测试级别，功能测试的依据是软件设计说明。

功能测试需要逐项验证软件是否按照系统或软件需求规格说明中每项功能需求(系统用例或 CSCI 用例)的要求实现，以及实现的正确性。

因此，测试人员需要首先理解掌握用例规格的要素。

- 执行者(包括主执行者和辅执行者)。
- 前置条件。
- 后置条件。
- 基本流程。
- 扩展流程。
- 规则与约束。

测试需要验证系统/软件用例规格所包含的主要要素：基本流程、扩展流程、规则与约束。

1. 用例的流程测试

用例的流程包括基本流程和扩展流程。

1) 基本流程测试

用例的基本流程是指从软件的外部视角观察到的软件与外部系统(人、其他软件/硬件)交互的一组过程，软件功能的实现是这组交互过程的实现。对此，功能测试需要验证两点。

(1) 每个交互步骤中的软件输出在各种软件输入情况下均实现正确；

(2) 交互过程与需求规格定义(用例规格)一致。

用例的基本流程(需求域)映射到软件设计(解决方案域)就是一组函数(软件单元)在时间序列上通过调用关系形成的职责链。示例见图1-4。

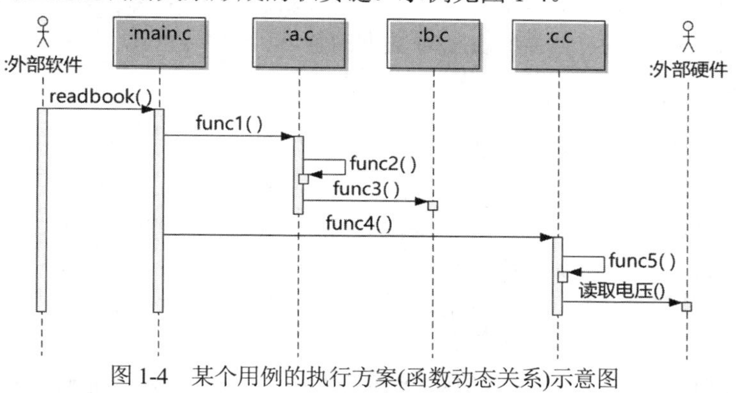

图1-4 某个用例的执行方案(函数动态关系)示意图

从软件的外部视角看，观察到的是外部系统(人、其他软件和硬件)和软件的交互过程；从软件的内部视角看，观察到的是软件设计的模块(*.c 源文件)通过各自的函数(软件单元)实现的职责链。

对某个用例的基本流程验证就是测试相应的职责链在代码实现中是否存在缺陷。

2) 扩展流程测试

用例的扩展流程是指对应基本流程的某个步骤中系统/软件需要处理的意外和分支。当意外发生时，用例将改变基本流程的走向，不再按照基本流程中定义的步骤执行。

对此，功能测试同样需要验证两点。

(1) 每个交互步骤中的软件输出在各种软件输入情况下均实现正确；

(2) 交互过程与需求规格定义(用例规格)一致。

2. 用例的规则测试

用例的规则是指在基本流程或扩展流程中系统/软件应该遵循的业务规则或其他处理约束条件。

例如，ATM 设备的“取款”系统用例的业务规则如下：①每次取款限额 5000 元整；②取款应是 100 元的整数倍；③每个账户一天的取款上限为 2 万元整。

功能测试应充分考虑软件对这些规则实现的正确性。

3. 用例的数据约束测试

用例的数据约束是指基本流程和扩展流程中每个交互步骤中的输入、输出数据的要求(有物理含义的数据取值范围等)。

这些数据约束是交互过程的测试分析基础，在基本流程和扩展流程测试中应该充分覆盖输入、输出数据的种类、范围等约束要求。

对于输入数据，设计测试用例时通常使用等价类划分、边界值分析等方法，验证输入数据为有效值、无效值和边界数据时软件功能实现的正确性。

对于输出数据，同样需要充分验证数据的全部种类、格式、边界等。

4. 其他功能测试

除上述针对用例需求规格的功能测试外，在配置项测试级别和系统测试级别，功能测试还应充分覆盖以下内容。

(1) 配置项测试时，对配置项控制流程(非某个函数的控制流程)的正确性、合理性等进行测试，即对 CSCI 的高层控制流图做结构覆盖测试。对软件而言，功能需求之间不可能没有关系，它们之间的关系通常是通过 CSCI 的内部全局变量的数据状态或 CSCI 并行控制流程表现的。

(2) 系统测试时，功能测试还应对(系统所属)组织的业务流程进行测试，验证系统能够满足组织对系统的要求，改善组织的业务流程。这就是说，除了按照系统/子系统规格说明逐条验证系统功能需求(系统用例)实现的正确性外，还应按照运行方案说明逐条验证系统在所属组织中运行时是否能够按照要求改善组织的业务流程，达到组织所希望的愿景。

1.3.7 接口测试

接口测试是对系统或软件需求规格说明中的接口需求逐项进行测试，以验证代码实现是否满足需求规格说明的要求。

接口是指通信双方的两个接口实体(软件、硬件)之间的物理载体和接口协议，因此软件外部接口包括软件和硬件之间的接口、软件和软件之间的接口。物理载体通常决定了接口类型，如网络接口、串口、CAN 总线接口、各类 I/O 接口、USB 接口以及软件和软件之间的 API 接口等。

接口测试主要是在接口定义的物理载体基础上测试接口协议。已经成为行业标准的接口协议的种类非常多。例如，硬盘接口是硬盘与主机系统间的连接部件，作用是在硬盘缓存和主机内存之间传输数据。不同的硬盘接口决定着硬盘与控制器之间的数据传输速度，硬盘接口的性能对磁盘阵列整体性能有直接的影响。存储系统中普遍应用的硬盘接口协议主要包括 SATA、SCSI、SAS 和 FC 等。

接口协议指的是需要进行信息交换的两个接口实体之间遵从的通信方式和数据要求。接口协议不仅要规定物理层的通信，还需要规定语法层和语义层的要求。

(1) 语法是指通信双方的数据与控制信息的结构与格式，以及数据出现的顺序。语法确定通信双方“如何讲”；就如同中文语法的“主语+动词+宾语”，通信双方需要约定每一包交互数据的格式，确保双方能够根据定义的语法识别出每个数据元素。

(2) 语义是解释控制信息每个部分的意义。它规定了需要发出何种控制信息，以及完成的动作与做出什么样的响应。语义确定通信双方“讲什么”。

(3) 通信方式是指双方的通信特征，如数据传输速率、周期/非周期、是否需要路由、加密等。

综上，接口测试内容需要包括通信方式、语法和语义三部分。

1.3.8 性能测试

性能测试是对软件需求规格说明或设计说明中的性能要求逐项进行测试，以验证其是否满足要求。

软件的性能不是凭空而来的，它通常是对某个功能的实现“好坏”程度的度量。例如伺服机构的控制云台功能，其对应的性能就是控制精度，伺服机构控制云台移动到与目标位置误差越小，其精度就越高。因此，在系统规格说明和软件需求规格说明中，没有一个专门章节要求描述性能。性能需求是伴随着每个功能需求，作为约束条件出现的。通常从以下几个方面度量功能实现的“好坏”程度。

- 精确性：指处理精度。
- 时效性：指处理时间。
- 效率：指单位时间处理的数据量、吞吐率。
- 资源使用率：指运行使用的资源数量及其使用时间。
- 并发性：指对并发事务和并发访问的处理能力。
- 类型数量：指能够识别处理的数据种类、范围。

性能测试的要点需要确定以下内容。

(1) 测试方法：使用什么方法(决定了需要构建的测试环境)测试主要包括使用什么方法构建测试所需的输入数据和使用什么方法测量验证输出数据。如果使用测量设备，则要求测量精度要满足被测试的性能要求，如不能用秒表测量秒级以下的时间性能指标。

(2) 测试次数/时间：测试多长时间或测试几次能够满足测试要求，即需要测试多少次才能够得到可信的测量结果。

(3) 测试场景：在哪些场景下进行测试。需要确定是在一种场景下重复测试还是在多个场景下进行测试。选择场景的原则是，此场景对系统或软件而言是运行在“最坏”情况，如处理最复杂情况(循环次数最多、if语句嵌套最多等)。

(4) 测量结果处理方法：需要说明如何评判测量结果。如果需要转换，则明确转换计算方法(如平均值、均方值等)，以及计算结果和预期结果的关系；如果不需要转换，则说明每次测量结果和预期结果的关系。

1.3.9　余量测试

余量测试是对软件需求规格说明或设计说明中的余量要求逐项进行测试，以验证其是否满足要求。

通常对于像大于或等于(≥)或大于(>)这类性能指标，如没有明确的余量要求，应按照至少留有20%的余量要求进行测试。

余量测试的要点和性能测试相同。

1.3.10　容量测试

容量测试是对软件需求规格说明中的容量要求逐项进行测试，以验证其是否满足要求。

容量是度量软件的某项功能实现的最“好”或最“高”程度，是指软件运行在正常情况下所具备的最高能力。

通常对于像大于或等于(≥)或大于(>)这类性能指标，如没有明确的容量要求，可进行容量测试。它验证软件运行在正常状态和不正常状态的临界点，这是软件处理能力最高能达到的程度，是软件设计的极限状态。

容量测试的要点如下。

(1) 基于某个性能测试达标的结果开展容量测试。

(2) 软件必须运行在正常情况，即容量测试是找到软件运行在正常状态和不正常状态的临界点。

(3) 测试方法。容量测试需要使用逐步加压(如按一定步长增加数据量)的方式，使得软件越过正常与不正常的临界点后再减压(如按一定步长减少数据量)，逐渐找到正常与不正常的临界点。因此，容量测试结果是逐渐逼近获取的。

1.3.11　强度测试

强度测试是对软件需求规格说明中的强度要求逐项进行测试，以验证其是否满足要求。

强度测试是强制软件运行在不正常状态直至发生故障的测试。它验证软件从设计极限状态到超出极限的临界点。如图1-5所示，在C点之前，软件运行在正常状态；在C点和D点之间，软件运行在不正常状态；在D点之后，软件发生故障。

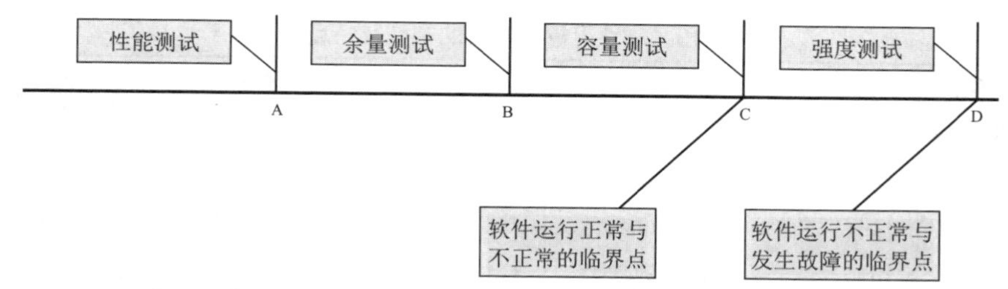

图 1-5 性能测试、余量测试、容量测试和强度测试的关系示意图

强度测试应考虑的要点如下。

(1) 需要定义软件运行不正常状态，即说明什么情况属于软件运行不正常。例如雷达情报处理软件，可以定义其运行不正常状态为丢批量高于 1%、丢点量高于 2%或操作响应时延至 1 秒。

(2) 需要定义软件运行故障状态，即说明什么情况属于软件运行故障。例如雷达情报处理软件，可以定义其运行故障状态为丢批量高于 5%、丢点量高于 10%、操作响应时延超过 1 秒或软件崩溃。

(3) 需要说明能力降级和运行不正常的关系。

(4) 测试必须持续一段规定的时间，而且不能中断。

(5) 测试通过对软件逐渐加压(加大数据量)，使得软件越过 D 点发生故障；再逐渐减压(减少数据量)，使得故障消除，直至找到与故障状态的临界点 D。

强度测试的方法和容量测试相同。

1.3.12 可靠性测试

软件可靠性是度量软件在规定的时间内以及规定的环境条件下完成规定功能的能力。

软件可靠性测试是指为满足需方对软件的可靠性要求，基于用户使用模型对软件进行测试，发现并纠正软件中的缺陷，提高软件的可靠性水平，并验证软件能否达到用户可靠性要求。

软件可靠性测试的目的是，在验证软件可靠性是否满足给定要求的基础上，评估和预计软件可靠性水平，实现软件可靠性增长。

软件可靠性测试分为两类，见表 1-13。

表 1-13　软件可靠性测试的类型及特点

可靠性测试类型	目的	测试时机	测试组织方	测试特点
软件可靠性增长测试	在软件出厂前，通过可靠性测试暴露软件缺陷，并采取有效措施排除失效率较大的缺陷，以提高交付软件的可靠性	伴随 CSCI 合格性测试开展	软件研制单位	对出现的失效进行修复
软件可靠性验证测试	验证在给定置信水平下软件的可靠性水平是否达到规定的可靠性指标的要求，验证结果是软件定型的依据	在软件定型阶段，对软件定型测评的最终版本开展测试	需方或需方委托的第三方测试机构	与硬件可靠性鉴定试验类似，都属于统计实验(参见 GJB 899A-2009)

软件可靠性测试通常采取基于系统/软件运行剖面的随机测试方法，即针对被测试系统/软件建立运行剖面，按照运行剖面和其使用概率分布随机地选择测试用例。

系统/软件的运行剖面包括多种类型，见表 1-14。

表 1-14　系统/软件的运行剖面

运行剖面类型	说明
需方剖面	需方是指使用系统的不同组织；需方剖面是指这些不同组织使用系统的概率
使用方剖面	使用方是指使用系统/软件的不同用户角色；使用方剖面是指这些不同的用户角色使用系统/软件的概率
功能剖面	功能剖面是指系统/软件提供的功能被不同的用户角色使用的概率总和
操作剖面	操作剖面是指针对每一个功能，该功能的输入域及各种输入数据的组合使用的概率

1.3.13　安全性测试

此处的安全性是指功能安全性，而非保密安全性。根据 ISO 8402 的定义，功能安全性是指“使伤害或损害的风险限制在可接受的水平内”。

安全性测试的目的是发现软件中可能引发严重后果的错误，这些严重后果包括人员伤亡、设备损坏或污染环境等。

安全性测试的关键是选取有效的方法开展测试需求分析，确定安全性测试的内容。目前，主流的安全性测试需求分析方法包括如下。

(1) SFTA(软件故障树分析法)。根据软件需求规格说明等相关文档，确定分析对象，分析其所有可能的失效模式(危险事件)；针对每种失效模式，通过分析软件结构，建立软件故障树。

(2) SFMEA(软件失效模式和后果分析法)。根据软件需求规格说明等相关文档，确定分析对象，分析其所有可能的失效模式，最后针对每个软件失效模式建立安全性分析后果表。该表主要内容包括：需求、失效模式、失效后果、失效影响、严重性等。

1.3.14　恢复性测试

恢复性测试是按照软件需求规格说明对软件的恢复性要求逐项进行测试。

软件恢复性是指当(硬件或软件)发生故障时，软件能够识别故障并能够记录软件当前状态，待故障消除后，软件能够恢复至故障发生时的状态。

常见的软件恢复性要求包括如下。

(1) 主备备份。当主机故障时，备机能够替代主机。

(2) 保护运行状态。故障发生时，不仅能够记录正在运行的状态，并且故障消除后，能够恢复至保留的状态。

需要注意，软件上电重启后从初始化状态开始运行不属于恢复性要求；即每次软件上电启动所执行的路径都一样这一点与恢复性要求完全无关。只有当软件设计为每次上电启动所执行的路径取决于上次记录的最新状态时，其对应的需求才属于恢复性要求。

恢复性测试需要考虑的要点是覆盖每一类导致软件恢复的情况，验证每一类情况下软件均能按要求恢复。

1.3.15　边界测试

边界测试是对软件处在某种边界情况下的运行状态的测试。

将边界测试从功能测试中独立出来的主要原因是大量软件缺陷是由于边界值错误引发的，如数组越界、循环变量对上下边界处理错误。

边界情况包括以下几类。

1) 输入域边界

根据软件需求规格说明的每个功能需求(用例)规格中的输入数据约束条件(包括数据取值范围和取值个数)，对输入域边界进行测试。

2) 输出域边界

根据软件需求规格说明的每个功能需求(用例)规格中的输出数据约束条件(包括数据取值范围和取值个数)，对输出域边界进行测试。

3) 内部数据结构边界

根据软件需求规格说明的“内部数据需求”或软件设计说明定义的数据结构，

对其边界取值和条件边界(如数组个数边界)进行测试。

4) 状态转换边界

当两个状态之间发生转换时，用UML的状态转换图表示，在“转移”线上包含以下要素：事件(参数)[条件]/动作。如图1-6所示，汽车开始处于未启动状态，当蓄电池有电(条件)时，汽车被点火(事件)，检查各部件状态(动作)，进入启动状态。

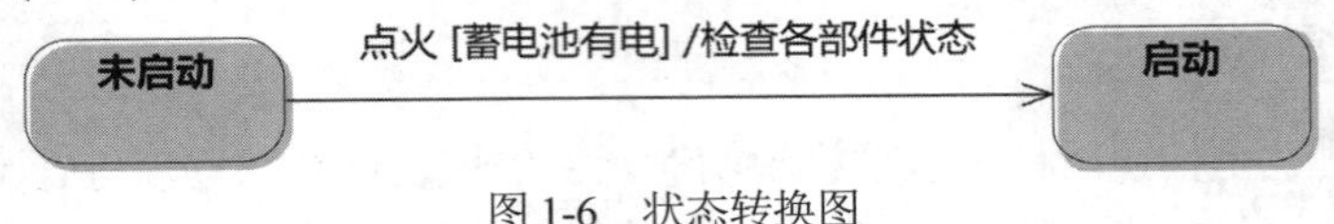

图1-6　状态转换图

当状态转换存在条件约束时，需要考虑对转换的条件边界进行测试；否则，即便存在状态转换，也不需要进行状态转换边界测试。

1.3.16　数据处理测试

数据处理测试是对专门完成数据处理的功能所进行的测试。

将数据处理测试从功能测试中独立出来的主要原因是有些软件功能是单纯的算法实现或核心功能由算法实现。对这样的软件功能，其软件用例规格的几个要素特点如下。

1) 基本流程

对于单纯的算法实现的功能，其特点是软件与外部系统(软件、硬件)的交互步骤较少。例如炮兵武器的诸元解算功能，由计算人员录入诸元解算算法需要的参数，软件计算出射击诸元。软件的逻辑控制完全由算法决定，不是表现在基本流程的处理过程上。

对于核心功能由算法实现的功能，软件与外部系统(软件、硬件)的交互步骤不一定少，但其核心能力是由算法实现的。例如导引头软件的跟踪目标功能，软件需要实时与外部系统(软件、硬件)交互，根据外部系统提供的数据进行解算，直至稳定跟踪目标。此时，软件的逻辑控制不仅由算法决定，而且也表现在基本流程的处理过程上。

2) 扩展流程

这类功能的扩展流程通常和解算算法没有关系。

3) 规则与约束

主要体现在两点：一是算法支持的输入数据和输出数据的约束；二是算法本身是否被需方指定，如果被指定，约束中应说明算法公式。否则，需要在软件设计说明中明确。

基于以上特点，数据处理测试应侧重于验证算法实现的正确性。无论算法本身是简单的公式还是复杂的公式，都需要基于公式对代码进行测试。测试需求分析中提取的测试点也应该基于算法公式获取。

1.3.17 安装性测试

安装性测试是验证软件安装过程是否正确的测试。

对于交付用户后由用户自行安装和卸载的软件，需要进行安装性测试。安装性测试的目的在于按照用户手册的安装规程操作后能够确保软件安装正确。需要考虑的测试重点如下。

(1) 在不同的运行环境(硬件和软件配置不同)下进行软件安装和卸载测试。

(2) 升级软件的安装是否影响当前软件的用户数据？

(3) 安装规程的难易程度是否适用于当前用户的技术能力水平？

1.3.18 人机交互界面测试

人机交互界面测试是对显示界面和提供人机交互操作的界面进行的测试。

人机交互界面测试也是从功能测试中独立出来的测试类型。与功能测试相比，它不应该再考虑软件用例规格的要求，而应该侧重于以下两大类与人机交互界面相关的测试内容。

1. 可用性

(1) 依据用户手册，审查人机交互界面实现与文档的一致性；

(2) 依据用户手册，测试软件对错误操作流程的容错能力；

(3) 依据软件需求规格说明中对人机交互界面的要求(如果有)，审查人机交互界面实现与文档的一致性；

(4) 以非常规操作、误操作、快速操作检验人机界面的健壮性。

2. 易用性

系统除了要满足可用性(正确性)外，还需要有很好的易用性。要站在最终使用者的角度评价系统/软件是否好用(易用性)。可以按照以下测试点开展测试。

第一类测试点：界面易用性

- 界面风格一致性；
- 界面规范性：符合行业规范；
- 界面合理性：不会令人误解，如设备状态“正常”(是连接正常还是运行正常)；
- 界面吸引性：无乱码、不清晰文字或图片；
- 界面内容一致性：不会自相矛盾，如某处显示设备状态“正常”，另一处显示设备状态“故障”。

第二类测试点：功能易用性

1) 业务符合性

- 界面内容是核心域(业务领域)词汇；
- 界面的功能流转符合业务流程；
- 界面与业务强耦合：避免同一个数据在多个界面显示。

2) 业务流程定制性

当业务流程节点发生变化时，易于调整。

3) 减少数据输入

- 数据一次输入、多次使用；
- 数据使用默认值。

4) 交互性

对使用者的正常、异常操作，有明确的回应和提示。

5) 约束性

对流程性强的操作，上一步和下一步操作之间需要屏蔽其他操作。

第三类测试点：界面健壮性

- 异常操作、快速操作不会故障；
- 异常操作可回撤。

1.3.19 兼容性测试

兼容性测试是指同一个软件产品的不同版本之间的兼容性、同类软件产品之间的兼容性，以及与软件和硬件的兼容性。

兼容性测试包括四类。

(1) 向下兼容。测试同一个软件的不同版本之间的兼容性。验证软件的新版本保留它早期版本的功能的情况，如 Word 的新版本对旧版本的兼容情况。

(2) 交错兼容。测试同类软件(但是不同的软件产品)之间的兼容性，如不同的浏览器软件(IE、火狐等)之间的兼容性。

(3) 对基础软件(操作系统、中间件、数据库等)的兼容。

(4) 对硬件(硬件运行平台、输入输出设备等)的兼容。

1.3.20 标准符合性测试

标准符合性测试是验证软件与相关国家标准或规范的一致性的测试。

例如路由器、交换机设备、数据库系统、操作系统等，如果产品标明符合某些相关标准或规范，则需要进行标准符合性测试。

开展标准符合性测试时，首先需要建立标准符合性评估准则，依据评估准则，逐一验证产品符合指定标准的程度。

1.4 测试方法

所谓测试方法，是一个广义的概念，站在不同的层面观察，测试方法的含义并不相同。

我们可以从3个层面来解释测试方法的内涵。

1. 全局层面

站在测试的全局层面，测试方法包括白盒、黑盒和灰盒测试3种。

1) 黑盒测试

黑盒测试是指站在被测软件的外部，把被测软件当成一个黑盒子，不关心盒子的内部结构是什么，只关心软件的输入数据与输出数据。

2) 白盒测试

白盒测试又称结构测试、透明盒测试、逻辑驱动测试或基于代码的测试。白盒测试是站在被测软件的内部，对软件的内部结构(架构设计)和软件单元(详细设计)进行测试。当然，白盒测试也是基于输入数据和输出数据的测试，只是输入输出面向的对象是软件单元。

3) 灰盒测试

灰盒测试是介于白盒测试与黑盒测试之间的一种测试。灰盒测试多用于集成测试阶段，不仅关注输出、输入的正确性，同时关注程序内部的情况。

2. 测试需求分析层面

站在测试需求分析层面，测试方法特指测试数据生成与验证方法、测试数据输入方法、测试结果获取方法。

- 测试数据生成与验证方法是指用什么方法产生所需要的测试输入数据；
- 测试数据输入方法是指用什么方法将测试输入数据发送给被测软件；
- 测试结果获取方法是指用什么方法获取并验证测试输出数据。

例如，常见的测试数据输入方法有对网口类/串口类输入数据，使用网络/串口调试助手产生。

常见的验证测试输出数据的方法包括使用网络/串口调试助手捕获网络/串口输

出数据；使用示波器测量软件通过 IO 接口输出的数据等。

3. 测试设计层面

站在测试设计层面，测试方法特指黑盒测试用例设计方法。常见的方法包括：等价类划分、边界值分析、因果图、正交试验、判定表、功能图等。

1.5 测试需求分析

软件需求分析的任务是针对待开发的软件提供完整、清晰、具体的要求，确定软件必须实现哪些能力以及确定这些能力具体的规格要求。软件需求分为三类需求：功能、质量因素和设计约束。

测试需求分析的任务是，针对软件需求，分析测试需要覆盖的深度和广度，以及确定测试需要的技术或方法。

1) 测试的广度——测试项/测试子项

测试的广度是指对三类软件需求的横向覆盖程度，主要内容是确定测试项。

对于软件功能，分析的对象是软件用例或系统用例的规格，首先需要覆盖全部用例规格，每一个用例规格至少对应一个测试项；其次需要从每个用例规格中分析出需要测试的功能、性能、接口、边界等测试子项。

对于质量因素要求，分析的对象主要是软件的质量因素，需要覆盖全部质量因素要求，每一个要求至少对应一个测试项。

对于设计约束要求，分析的对象是软件的设计约束，需要覆盖全部设计约束要求，每一个要求至少对应一个测试项。

2) 测试的深度——测试点

测试的深度是指对三类软件需求的纵向覆盖程度，主要内容是确定每个测试子项下的测试点。

对测试项/子项进一步分析，确定应验证的测试点。测试点足够多、不冗余且有效，才能证明测试的充分性；即只有通过对这些点的测试，才能够充分证明软件正确实现了应该实现的需求。

测试点是测试用例设计的依据。

3) 测试技术或方法

在测试需求分析活动中，测试方法不是指测试用例设计方法，而是指测试数据生成与验证技术、测试数据输入技术、测试结果获取技术。

测试方法最终决定了测试环境和需要准备的测试输入数据。

4) 软件需求分析/设计与测试需求分析/设计的关系

综上，总结得到的软件测试活动与软件开发活动的关系见表1-15。

表1-15　软件测试活动与软件开发活动的关系

活动	需求分析(问题域)	设计(解决方案域)
软件开发活动	工作内容：找出组织需要解决的问题	工作内容：用什么部件组成的系统/软件能够满足需求
	工作产品：需求规格说明	工作产品：设计说明
软件测试活动	工作内容：用什么测试方法在多大广度和深度上能够充分证明软件正确实现了需求	工作内容：用多少测试用例能够有效覆盖测试需求
	工作产品：测评大纲/测试需求规格说明	工作产品：测试设计说明

在测试需求分析活动中，有的测试需求分析人员使用所谓“功能分解法”获取测试项，这里需要澄清这个概念：对同一个对象(软件)而言，每项已经确定的功能不可能再进行分解，因为一个功能必须是一段完整的与外部交互的过程。

与之相近的一个概念是“功能分配”，是指将一个整体对象的职责分配给组成这个整体对象的(零)部件。通常在系统设计活动中，系统设计师负责对组成系统的部件进行功能(职责)分配；在软件设计活动中，软件设计师负责对组成软件配置项的部件(软件单元)进行功能分配。

因此，无论是系统功能还是软件功能，都是在软件开发的相应活动中由设计师分配完成，软件测试需求分析人员无须再对功能进行分配或分解，只需要对功能逐一进行分析，确定有效的、足够多的测试点。

1.6 测试项

测试项是对应软件需求项的一类测试需求。

在测试需求分析活动中，重要的一个活动就是识别测试项和确定测试项的规格。每个测试项的规格要素包括如下。

1) 测试项名/标识

应与软件需求项名称保持一致。

2) 测试内容

通过对软件需求项的规格要素进行分析获得。

3) 测试子项/测试类型

通过分析测试内容，识别该测试项下的功能性和非功能性需求，确定测试子项和对应的测试类型。

4) 测试方法

主要指测试子项的测试方法。

5) 测试充分性要求

主要指测试子项的测试深度，通常总结为测试点。

6) 测试项终止条件

可以考虑测试项下的各个测试子项的测试约束关系，例如测试项的某个功能测试子项如果未通过，那么应该终止对应的性能测试子项。

1.7 测试充分性

测试充分性是指测试的广度和测试的深度。

测试的广度是指对软件需求项的横向覆盖程度。在测试需求分析活动中确定测试的广度，即测试项和测试子项。

测试的深度是指对软件需求项的纵向覆盖程度。测试的深度包括两层，第一层是在测试需求分析活动中，是指每个测试子项下的测试点，即测试点充分与否直接决定了纵向覆盖程度；第二层是在测试设计活动中，是指依据每个测试点所设计的测试用例，即测试用例充分与否最终决定了对软件需求项的纵向覆盖程度。

测试充分性与测试项等的关系见表 1-16。

表 1-16　测试充分性与测试项等的关系

	测试项	测试子项/测试类型	测试点	测试用例
测试充分性	覆盖(三类)软件需求的广度	覆盖测试项的广度	覆盖测试子项的深度；对测试深度提要求	实现测试子项的深度要求

1.8 测试点

本书中的测试点是测试需求分析活动得到的最重要的结果。

测试点是指需要在哪些点(哪些情况下)验证软件正确实现了要求的功能。通常，对一个功能而言，不可能只验证一种情况就能证明软件功能实现的正确性。

测试需求分析人员通过对软件用例的规格进行分析，识别出足够多的测试点。

不要将测试点和功能点相提并论，认为软件用例的规格中存在一些功能点，只要识别出这些功能点就可以作为测试点。实际上，功能点的概念比较混乱，有据可查的是 ISO/IEC 19761 定义的度量软件规模的全功能点方法中提到的功能点，但是该标准定义的"功能点"是功能过程的度量单位，是将软件用例中的一次数据移动(输入、输出、读和写)定义为一个标准功能点，因此功能点只是一种计量值。

1.9 测试策略

百度百科给出的定义：策略指计策、谋略。一般是指：①可以实现目标的方案集合；②根据形势发展而制定的行动方针和斗争方法；③有斗争艺术，能注意方式方法。

策略是在一个大的"过程"中进行的一系列行动/思考/选择，而以上 3 条解释是在不同的侧重下针对同一过程进行了不同的表述。

根据日常对策略的理解以及抽取出的关键词，可以对"策略"一词作出以下描述。

"策略"是为了实现某一个目标，首先预先根据可能出现的问题制定的若干对应的方案；并且，在实现目标的过程中，根据形势的发展和变化来制定出新的方案，或者根据形势的发展和变化来选择相应的方案，最终实现目标。

依据上述"策略"的定义，在软件测试活动中，测试策略的定义如下。

测试策略是指在测试需求分析(含策划)活动中，测试需求分析人员识别出待解决的问题，对这些问题进行一系列思考和选择，最终给出的测试解决方案。可以说，测试策略是体现测试方案有效性、合理性的关键信息，是测试方案的"灵魂"。

测试策略的定义包含以下要点。

1) 需要识别出待解决的问题

这些问题包括以下几类。

- 识别出的关键测试项，通常 3～5 个；
- 需要特别关注的测试方法，如一个新型的测试方法的有效性；
- 需要特别说明的测试环境、测试数据等；
- 需要特别说明的测试项之间的关系。

2) 需要对识别的问题给出测试解决方案

针对这些问题的解决方案需要专门阐述。

1.10 测试设计

测试设计是指依据测试需求分析的结果完成测试用例的设计。

测试设计所依据的测试需求分析的结果主要指测试(子)项下的测试点。

测试点是测试需求，是描述需要从哪些点上证明软件实现的正确性；而测试设计是针对测试需求提出的解决方案，在概念上不要混淆这两者。要建立需求分析和设计的概念性区别：测试需求分析是提出测试要解决的问题，属于问题域；测试设计是针对问题提出的解决方案。如果混淆测试需求分析和测试设计这两者，则容易将分析测试点的活动直接映射成设计测试用例。

测试设计包括两个层面的活动。

(1) 首先，针对测试需求(测试点)选取测试用例设计方法。

黑盒测试用例设计方法通常包括：等价类划分、边界值分析、因果图、正交试验、判定表、功能图、两两组合等。

测试用例设计方法主要是解决软件测试无法穷举验证的困境，上述这些测试用例设计方法能够有效缩减测试用例数量，确保使用有限的测试用例就能够达成充分验证的目标。

针对不同的测试点，测试用例设计人员选取合适的测试用例设计方法，明确覆盖测试点的测试用例数量以及每个测试用例针对的特定情况(特定的输入数据)。

(2) 其次，依据测试用例设计方法编写测试用例。

1.11 测试用例

测试用例是指针对一种情况(特定的输入和输出)，验证软件在这种情况下是否能够正常运行并且满足软件需求对这种情况的要求。

可见，测试用例含有明确的输入数据，以及明确的预期输出数据。

测试用例包含的主要要素如下。

(1) 测试用例名称/标识；

(2) 测试用例概述；

(3) 测试用例设计方法；

(4) 初始化要求；

(5) 前置条件与约束；

(6) 终止条件；

(7) 测试步骤，每一步须说明以下内容。

- 输入及操作说明；

- 期望测试结果；
- 评估准则。

1.12 评估准则

评估准则是用于判断测试用例执行中产生的中间或最后结果是否正确的评判标准。评估准则应根据不同的实际情况提供以下相关信息。

(1) 实际测试结果所需的精确度；

(2) 允许的实际测试结果与期望结果之间差异的上、下限；

(3) 时间的最大或最小间隔；

(4) 事件数目的最大或最小值；

(5) 实际测试结果不确定时重新测试的条件；

(6) 与产生测试结果有关的出错处理；

(7) 其他相关准则。

1.13 预期结果

在不同的测试活动中，预期结果的定义是不同的。

在测试需求分析活动中，预期结果是针对测试点的；即针对一组测试点，使用什么测试方法能够判断这组测试点的验证结果，也就是说测试人员使用什么证据能够证明这组测试点的验证结果。因此，测试点的预期结果是与测试方法密切相关的，它是通过测试输出数据捕获/验证方法提供测试证据。

在测试设计活动中，预期结果是针对测试用例的，即针对一个测试用例的每个测试操作步骤，被测软件的预期输出数据。因此，测试用例的预期结果是对相应的测试点的预期结果的具体细化，需要描述具体的数据。

测试点的预期结果不是测试用例的期望测试结果，也不是测试用例的测试结果评估准则。

测试用例的期望测试结果“应有具体内容(如确定的数值、状态或信号等)，不应是不确切的概念或笼统的描述”。而测试点的预期结果需要描述使用什么测试方法评判软件输出数据的正确性，不需要描述具体内容。

测试用例的测试结果评估准则是“用于判断测试用例执行中产生的中间或最后结果是否正确”。而测试点的预期结果是指导制定测试用例的测试结果评估准则的原则和依据。

习题

1. 简述软件测试概念的内涵。
2. 简述测试需求分析概念包含的要素。
3. 简述测试充分性的具体内容。
4. 简述测试策略的概念。
5. 简述测试方法的内涵。
6. 请给出功能、性能、接口的定义并说明三者的关系。

꧁ 第2章 ꧂

软件测试活动

2.1 综述

软件开发活动不能脱离系统，因为软件只是“系统”中的一部分，属于“系统”的部件。

针对一个包含软件的系统开发项目，一个软件开发组织需要根据项目特点、开发组织的团队结构、人员能力水平视情组织软件开发活动，以便形成一个完整有效的开发过程。目前，常见的开发过程包括：瀑布式开发、增量式开发、演进式开发和敏捷开发。

在瀑布式开发、增量式开发、演进式开发这 3 种开发模式中，测试人员与开发人员独立工作。测试与开发是独立的活动，其交叉点仅出现在每一个构建版交付前后；开发人员提交一个待交付的构建版，测试人员研究软件需求文档，制定测试计划，进行测试。因为测试作为一个独立阶段出现，所以可以统一为软件测试的 V 模型，如图 2-1 所示。V 模型大体可划分为以下几个不同的阶段步骤：系统需求分析、系统设计、软件需求分析、软件设计、软件编码、单元测试、部件测试、配置项测试、系统测试、验收测试。

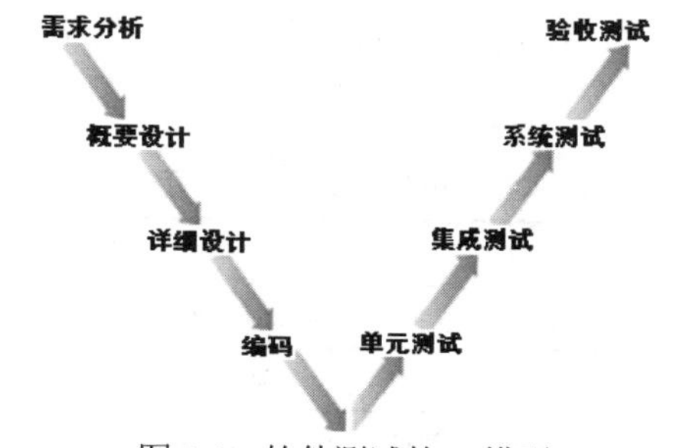

图 2-1　软件测试的 V 模型

可见，在上述这些开发模式中，软件测试是一个一次性的而且是开发后期的活动。

敏捷开发的最突出特点是测试驱动多构建版的迭代开发。与传统开发模式相比，敏捷开发不仅是迭代和增量的，更重要的是测试驱动的。测试人员参与软件需求分析，在编码未开始前，已形成测试用例，这些测试用例是面向具体的能力需求的，需要覆盖软件用例的功能、性能、接口、压力、安全、人机交互友好性等方面。因此，测试用例驱动了设计和编码，设计人员需要参考测试覆盖的“非功能性需求”，程序员需要参考测试用例设计代码对异常情况的处理，以及如何编写易于测试的代码。程序员和测试人员的工作在每个迭代周期内都是交叉进行的，测试不再是一个一次性的、处于开发后期的活动，而是与整个开发流程融合成一体。不会出现阶段独立的“V 模型”的情况，即开发人员独立完成编码后，测试人员再开始进行测试的情况。

无论上述哪种软件开发过程，对于测试而言，都可划分为单元测试、部件测试、配置项测试和系统测试 4 种测试级别(见图 2-2)。

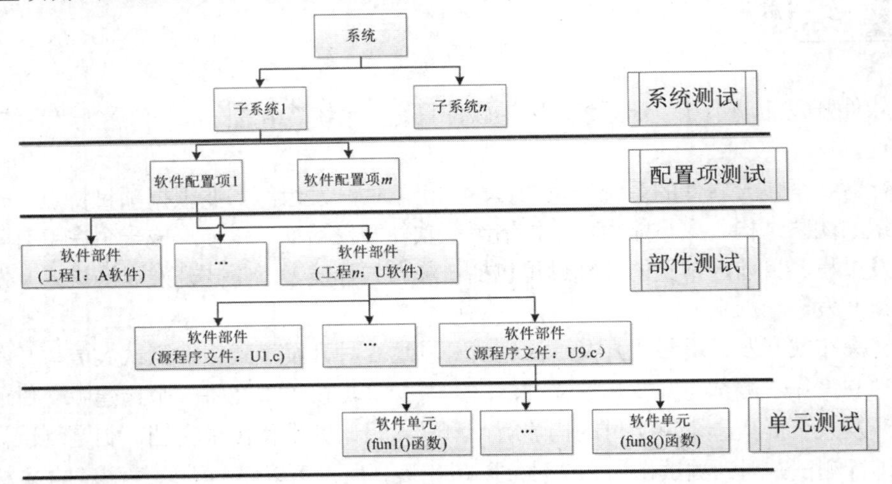

图 2-2　4 种测试级别

每一种测试级别下的软件测试过程通常都包括以下活动：测试需求分析、测试策划、测试设计与实现、测试执行和测试总结。

按照 GJB 438C 的要求，开展各级别测试活动时，其测试过程中生成的测试工作产品见表 2-1。

表 2-1　测试过程和工作产品

测试过程	工作产品
测试需求分析与策划	测试计划(内部测试)或测评大纲(第三方测试)
测试设计与实现	测试说明
测试执行	测试用例执行记录、软件问题报告单
测试总结	测试报告

2.2 单元测试

2.2.1 概述

单元测试活动通常由软件开发人员或软件开发组织内部的测试人员负责完成。

按照 GJB 2786A-2009《军用软件开发通用要求》的定义，软件部件是对软件组成单元的统称，是可以按照组成关系分层的，每层的部件/单元都统称为软件部件。

单元测试的测试对象是最小软件单元，通常是指组成源文件(部件)的函数或类。

单元测试的主要技术要求如下。

(1) 对软件设计文档规定的软件单元的功能、性能、接口等应逐项进行测试。

(2) 软件单元的每个特性应至少被一个正常测试用例和一个异常测试用例覆盖。

(3) 语句覆盖率要达到 100%。

(4) 分支覆盖率要达到 100%。

单元测试需要开展的活动包括如下。

- 测试需求分析与策划；
- 测试设计与实现；
- 测试执行；
- 测试总结。

2.2.2 测试需求分析与策划

1. 确定测试项

单元测试的测试依据是软件设计说明的详细设计内容。详细要求可参考 GJB 438C-2021《军用软件开发文档通用要求》的“软件设计说明”的第 5 章。

因此，确定单元测试的测试项比较容易。首先依据软件设计说明的详细设计内容选定需要测试的软件部件(源程序文件，也称为软件模块)，然后选择这些软件部件所包含的全部函数，这些函数就是测试项。

2. 确定测试类型

有的测试人员误以为单元测试只需要做代码审查、静态分析、逻辑测试。

在软件设计活动中，软件设计师为每个函数都分配了相应的功能(职责)，否则这个函数就没有存在的必要。因此，每个函数都需要进行功能测试。

另外，在一个软件源文件中，软件单元分为两种：一种是对外接口函数，为其他软件源文件服务，由其他软件源文件调用；另一种是只在本源文件内部被调用的函数。我们对第一种函数需要进行接口测试。

其次，如果一个函数涉及对应 CSCI 用例的某个性能指标要求，就需要进行性能测试。

或者，如果一个函数涉及 CSCI 的安全性要求(例如用户密码登录)，就需要进行安全性测试。此时的安全性测试更侧重于编码规则的安全性，也就是在功能实现没有问题的情况下，重点测试编码是否存在安全漏洞和是否会被恶意使用。

最后，测试需求分析人员需要识别关键函数或要特别关注的函数(如核心算法函数)等。如果有必要，需要对这些函数开展代码走查。

3. 确定测试策略

一个工程中存在多个软件源文件，每个软件源文件包含多个函数。测试策划需要确定函数的测试顺序。

测试覆盖率是单元测试必须确定的策略。可以根据软件自身的重要程度，制定不同的测试覆盖率要求。

4. 确定测试方法

单元测试可以使用很多商业白盒测试工具开展逻辑测试、代码审查和静态分析，以及功能测试等，大大减轻测试人员的工作量。

5. 确定测试环境

单元测试的测试环境通常和开发环境一致。测试环境中需要明确以下内容。

- 开发环境配置，包括软硬件配置；
- 使用的测试工具；
- 需要准备的测试桩；
- 需要准备的测试数据；
- 被测软件版本。

6. 确定测试进度和人员分工

按照测试过程分别说明每个过程的进度要求；依据被测函数，评估工作量，对测试人员进行分工。

7. 确定受控工作产品

对于每个测试过程中产生的不同工作产品，需要明确这些工作产品受控管理的方法。

8. 形成工作产品

测试需求分析与策划活动形成的工作产品是测试计划。

2.2.3 测试设计与实现

测试设计与实现是依据单元测试计划的测试内容要求编写测试用例。

单元测试是典型的白盒测试，测试对象是源代码。目前市场上有许多商业的白盒测试工具都支持单元测试，这些测试工具能够生成和执行一些单元测试用例，其余的测试用例需要测试人员编写。

设计测试用例时，需要满足单元测试的技术要求。

(1) 针对函数的功能、接口特性，应至少被一个正常测试用例和一个异常测试用例覆盖。

(2) 接口测试应该对函数输出数据及其格式进行测试。

(3) 逻辑测试需要满足语句和分支覆盖率 100%的要求。

单元测试常见的测试类型包括：文档审查、代码审查、静态分析、逻辑测试、代码走查、功能测试、接口测试等。

1. 代码审查

通常使用白盒测试工具，依据特定的编码标准，对源代码进行编码规则审查。如发现违背编码规则的语句，由测试人员对工具审查的结果进行确认。

代码审查还需要测试人员依据软件的详细设计说明，对代码进行设计一致性检查；即依据函数的设计说明(如处理流程图、算法说明等)，对源代码与设计的一致性进行审查，以发现违背设计的语句或未实现设计的情况。

2. 逻辑测试

通常使用白盒测试工具对源代码开展逻辑测试；测试工具自动分析代码逻辑，生成并执行测试用例。测试人员需要对测试执行结果进行分析，对测试结果未覆盖的语句、分支、条件组合等重新编写和执行测试用例，直至测试覆盖率达到单元测试计划中的要求。

3. 代码走查

对于单元测试计划中特别要求的需要开展代码走查的函数，测试人员需要在测试设计活动中设计编写测试用例。需要强调的是，代码走查的测试用例目的是试图发现设计缺陷(即设计错误或设计未考虑的情况)，而不是检查代码与设计一致性。

测试人员按照测试用例中的初始化条件、约束条件、输入数据等，人脑执行测试用例，检查源代码中各种变量赋值的正确性，以及是否存在未考虑的分支/条件组合等情况。

4. 静态分析

单元测试的静态分析主要完成两个方面的分析。

1) 审查软件的详细设计

通过测试工具获取每个被测函数的控制流图，人工分析函数的控制流图，发现函数的处理逻辑缺陷，包括如下内容。

(1) 函数是否存在死代码？

(2) 函数是否出口太多？

(3) 函数是否结构复杂？

2) 分析度量函数的静态质量

主要对被测函数的静态质量进行度量。表 2-2 给出了一个度量示例。

表 2-2　某函数的静态质量度量示例

度量项	测试结果
代码规模	
注释行数	
圈复杂度	
扇入数	
扇出数	

5. 功能测试

功能测试的目的是依据函数的详细设计说明中对函数功能的定义，验证源代码实现功能的正确性；即通过一组输入数据和对应的输出数据，证明源代码实现的处理逻辑的正确性。

可见，针对一个函数，需要设计多个功能测试用例才可能满足测试充分性要求。对测试设计人员而言，需要对采用何种测试用例设计方法以及设计多少个测试用例给出解决方案。

功能测试用例需要测试人员通过插桩等方法实现，需要编写驱动模块和桩模块。测试工具执行测试用例后，测试人员检查函数的输出结果是否与预期一致，以此判断代码实现功能的正确性。

6. 接口测试

接口测试的目的是依据函数的详细设计说明中对函数原型的定义，验证源代码实现接口协议的正确性；即通过一组符合接口协议要求和不符合接口协议要求的输入数据，证明源代码对接口协议实现的正确性。

2.2.4　测试执行

单元测试开展动态测试前应先对源代码进行静态测试，包括代码审查和静态分析。

单元测试执行，则测试人员需要关注逻辑测试应满足的覆盖率要求。如果实际测试结果不满足覆盖率要求，则需要增加新的测试用例，直至满足覆盖率要求。

单元测试通常是使用白盒测试工具开展的，测试人员应保存单元测试的测试执行记录。

2.2.5　测试总结

测试总结主要依据单元测试计划的要求，对测试过程和测试结果进行总结，最终回答软件单元源代码对软件详细设计说明的满足情况。

对测试结果的总结内容的表现方式可参考以下示例。

X. 测试结果

X.1 源文件 1

X.1.1 测试结果综述

表 x-1　源文件 1 的单元测试结果一览表

序号	函数定义	代码有效行/总行	函数类型	测试类型	发现问题数	测试结论
			外部接口、内部接口			通过、不通过

X.1.2 函数 1 的测试结果

表 x-2　函数 1 的测试用例执行情况

测试类型	测试用例数量	执行数	未执行数	通过数	不通过数

表 x-3　函数 1 的问题

测试类型	问题数量	问题类型				问题等级			归零情况
		文档	设计	编码	数据	关键	严重	一般	

2.3 部件测试

2.3.1　概述

部件测试活动通常由软件开发人员或软件开发组织内部的测试人员负责完成。

部件测试的测试对象是软件部件，通常是指组成一个 CSCI 的各个软件或组成一个软件工程的各个源文件。如图 2-3 所示，其中软件和源文件都属于软件部件。如果一个 CSCI 由多个软件(工程)组成，则需要在测试计划中定义需要测试的软件部件。

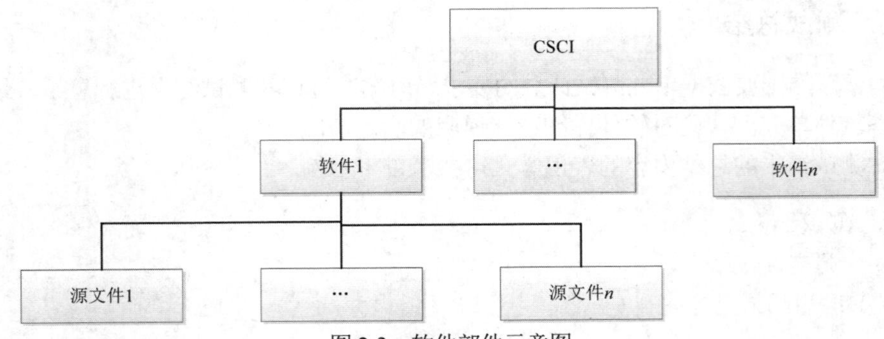

图 2-3 软件部件示意图

部件测试的主要技术要求如下。

(1) 部件的集成过程是动态进行的，应说明集成策略。

(2) 应逐项测试软件设计文档规定的软件部件的功能、性能等特性。

(3) 应测试软件单元的软件部件之间的所有调用，达到要求的测试覆盖率。

(4) 应测试运行条件在边界状态下的软件部件的功能和性能。

(5) 应按设计文档要求，对软件部件的功能、性能进行强度测试。

(6) 应测试软件部件之间、软件部件和硬件之间的所有接口。

(7) 对安全性关键的软件部件，应对其进行安全性分析，明确每一个危险状态和导致危险的可能原因，并对此进行针对性测试。

部件测试需要开展的活动包括如下。

- 测试需求分析与策划；
- 测试设计与实现；
- 测试执行；
- 测试总结。

2.3.2 测试需求分析与策划

部件测试的测试依据是软件设计说明的概要设计内容。详细内容要求可参考GJB 438C-2021《军用软件开发文档通用要求》的“软件设计说明”的第4章。

因此，部件测试确定测试项比较容易。首先依据软件设计说明的概要设计内容选定需要测试的软件源程序文件(也可称为软件模块)，然后依据该源文件的功能、性能、接口等要求，识别出测试项，确定测试充分性要求。

2.3.3 测试设计与实现

测试设计与实现是依据部件测试计划的测试内容要求编写测试用例。

部件测试也是典型的白盒测试，测试对象是源代码。目前市场上有许多商业的白盒测试工具都支持部件测试，这些测试工具能够生成和执行一些部件测试用例，其余的测试用例需要测试人员编写。

测试设计活动输出的工作产品是测试说明。测试内容章节的示例如下。

X. 测试内容

X.1 源文件 1

X.1.1 测试子项 1/功能测试/子项标识

采用下表说明该测试子项下的所有测试点的测试用例设计信息。

表 x-x　测试用例设计表

序号	测试点	测试用例名称	测试用例标识	测试用例设计方法	准备的测试数据	备注
						具体测试用例见附件 x

X.1.1.1 测试点 1 的测试用例设计方法应用说明

X.1.1.*n* 测试点 *n* 的测试用例设计方法应用说明

部件测试常见的测试类型包括：文档审查、静态分析、功能测试、接口测试、性能测试等。

1. 静态分析

静态分析通常使用白盒测试工具，对软件部件的“代码的程序化特性”和“代码的机械性特性”进行分析。

1) 程序化特性分析

主要对软件部件的代码质量进行分析度量。表 2-3 给出了一个度量示例。

表 2-3　某源文件的代码质量静态度量示例

度量项	测试结果
代码规模	
注释行数	
软件单元数	
软件单元的最大代码规模	
软件单元的平均代码规模	
软件单元的最大圈复杂度	
软件单元的平均圈复杂度	
软件单元最大扇入数	
软件单元平均扇入数	

(续表)

度量项	测试结果
软件单元最大扇出数	
软件单元平均扇出数	

2) 机械性特性分析

主要是指对软件部件的体系结构进行静态分析。

部件测试时，可以针对每个被测软件部件(源文件)，使用白盒测试工具获取这个软件部件的体系结构组成关系(即组成这个软件部件的函数之间的调用关系)。如果是面向对象编程语言开发的源代码，则应该是类之间的关系。

因此，部件测试的静态分析就是针对 GJB 438C 的“软件设计说明”文档的 4.1 节的测试。主要是通过测试工具获取每个被测软件部件的内部函数调用关系，之后测试人员通过分析，达到以下目的。

(1) 检查软件所实现的调用关系是否与设计一致。

(2) 检查软件部件的设计缺陷。

(3) 确定关键函数，为配置项测试提供测试重点。

2. 功能测试

功能测试的目的是依据软件设计说明中对部件的功能定义，验证源代码实现功能的正确性。

如果遵循高内聚低耦合的设计原则，一个软件部件所实现的功能应该是高度聚焦的，即功能的数量应该是尽量少的，而不是尽量多的。

一个软件部件(如一个源文件)由多个函数组成，部件的任一功能都是通过组成部件的函数之间的相互协同完成的，这种协同可以通过静态关系和动态关系表示。

软件设计师需要通过设计将软件部件的某项功能分配给组成这个部件的相关函数，表 2-4 所示的就是部件功能分配表，表示的是静态关系。

表 2-4 软件部件(某源文件)功能和组成函数的静态关系示例表

部件的功能	函数列表				
	函数 1	函数 2	函数 3	…	函数 n
功能 1	✔	——	✔	——	✔
功能 2	——	✔	✔	✔	——
…					
功能 n	✔	✔	✔		✔

说明：✔表示对应的函数参与了相应部件功能的实现；即这个函数的某个功能是由相应的部件功能分配而来的。

软件部件的功能与其组成函数的动态关系可以使用 UML 的时序图表示，如图 2-4 所示。

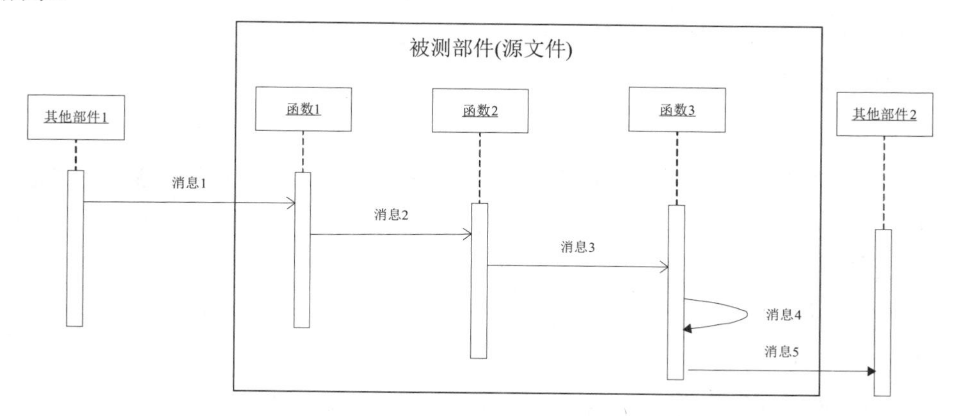

图 2-4　软件部件的功能与其组成函数的动态关系示意图

可见，部件的功能测试就是测试部件的函数之间的动态关系，也是对函数的集成测试。

功能测试时，需要编写驱动模块(模拟该功能的主执行者，如图 2-4 所示的“其他部件 1”)和桩模块(模拟该功能的辅助执行者，如图 2-4 所示的“其他部件 2”)。

针对每个功能项，满足该功能的测试充分性要求是必需的，充分性的最低要求是应至少被一个正常测试用例和一个被认可的异常测试用例覆盖。

3. 性能测试

软件部件的性能是指度量部件的某项功能实现程度的指标。

软件部件的性能来源于所属 CSCI 的性能。通常情况下，是在软件设计活动中，随着软件设计师将 CSCI 的(带性能的)功能分配给相关部件时，其性能也应该被分配给相关部件。

软件部件的性能测试非常重要。因为部件性能可能是影响软件架构设计的关键因素。因此，部件的性能测试可以尽早发现软件架构设计的缺陷，避免出现软件研制后期颠覆性修改的情况。

性能测试用例设计的基础是软件单元(函数)的流程图分析，通过分析相应功能在各个函数内部和函数之间的处理逻辑，识别出该部件的相应功能实现所需要处理的“最坏”情况。

性能测试用例的设计要点包括如下。

1) 测试场景必须考虑软件运行在“最坏”情况下

对一个软件部件来说，运行的“最坏”情况可以考虑以下内容。

(1) 路径最复杂，导致处理时间增大。

(2) 输入数据处理量最大，导致处理时间增大。

(3) 输入数据速率最大，导致单位时间处理数据量增大。

(4) 输入数据带有干扰因素，导致处理精度降低。

2) 避免测试场景单一化

原则上，性能测试需要考虑多种测试场景，每种测试场景仅可能覆盖一种“最坏”情况。

3) 确定合理的测试次数或连续测试时长

(1) 对百分比类的性能指标，测试次数是影响测试结果的重要因素；必须设计足够的测试次数。

(2) 对周期类的性能指标，连续测试时长是影响测试结果的主要因素。

(3) 对其他类的性能指标，测试次数需要和测试场景综合考虑，避免出现虽然测试了多次但是只考虑一种测试场景的情况。

4. 接口测试

软件部件接口是指部件向(本 CSCI 内部的)其他部件或向外部其他 CSCI 提供的调用接口。

例如，如图 2-5 所示，某被测部件包含 n 个函数，其中 m 个函数向外部(指被测部件的外部)提供了 k 个调用接口。

图 2-5 部件接口示意图

对被测部件而言，这 k 个接口是对外提供的服务接口；同时，为实现部件的全部功能，被测部件又调用了“其他部件 2”的 p 个接口。

这里遵循“谁提供谁负责”的原则，对被测部件而言，接口测试的对象只是这 k 个服务接口。调用的 p 个接口随着相应功能进行测试。也就是说被测部件提供的 k 个接口的正确性通过这个部件的接口测试验证；而“其他部件 2”实现的 p 个接口的正确性通过“其他部件 2”的接口测试验证。

软件部件的接口测试用例设计要点包括如下。

(1) 覆盖全部接口的返回值。

(2) 覆盖接口的入参异常情况。

(3) 覆盖接口的出参正常和异常情况。

2.3.4 测试执行

部件测试通常是在白盒测试工具环境下执行测试用例，测试用例执行需要使用预先准备的桩模块和驱动模块。因此，在测试执行前，应通过评审确认桩模块和驱动模块的正确性。

测试执行时，测试人员应保存部件测试用例的执行记录。

2.3.5 测试总结

测试总结主要依据部件测试计划的要求，对测试过程和测试结果进行总结，最终回答软件部件源代码对软件概要设计说明的满足情况。对测试结果的总结内容的表现方式可参考以下示例。

X. 测试结果

X.1 软件1

X.1.1 测试结果综述

表x-1 软件1的部件测试结果一览表

序号	源文件	函数个数	外部接口函数列表	测试类型	问题数	测试结论
						通过、不通过

X.1.2 源文件1的测试结果

X.1.2.1 结构设计

源文件1包含的部件的调用关系见下图。

图x-x 部件的结构设计图

X.1.2.2 代码质量

表x-2 源文件1的代码质量

序号	度量元名称	统计值
1	总行数(包括空行)	
2	总注释行数	
3	有效代码行数	
4	总注释率	
5	软件部件(函数、类等)数量	
6	软件部件圈复杂度平均值	
7	软件部件圈复杂度最大值	

(续表)

序号	度量元名称	统计值			
8	软件部件圈复杂度过大比率	大于 10 的比率		大于 40 的比率	
9	软件部件平均行				
10	软件部件最大行				
11	软件部件行大于 200 的比率				

X.1.2.3 测试用例执行情况

表 x-2 源文件 1 的测试用例执行情况

测试类型	测试用例数量	执行数	未执行数	通过数	不通过数

X.1.2.4 部件问题

表 x-3 源文件 1 的问题

测试类型	问题数量	问题类型				问题等级			归零情况
		文档	设计	编码	数据	关键	严重	一般	

2.4 配置项测试

2.4.1 概述

配置项测试也称为 CSCI 合格性测试。配置项测试活动通常由软件开发组织内部独立的测试人员(即独立于开发人员的测试组织)负责完成，也可以由第三方测评机构承担。

配置项测试的测试对象是软件配置项(CSCI)，是一组软件的集合，通常包含至少一个软件。CSCI 是构成系统/子系统的部件。

配置项测试的主要技术要求如下。

(1) 必要时，在高层控制流图中做结构覆盖测试。

(2) 应逐项测试软件需求规格说明规定的配置项的功能、性能等特性。

(3) 应测试运行条件在边界状态和异常状态下的配置项的功能和性能。

(4) 应按软件需求规格说明的要求，对配置项的功能、性能进行强度测试。

(5) 应测试设计中用于提高配置项的安全性和可靠性的方案，如结构、算法、容错、冗余、中断处理等。

(6) 对安全性关键的配置项，应对其进行安全性分析，明确每一个危险状态和导致危险的可能原因，并对此进行针对性测试。

配置项测试需要开展的活动包括如下。

- 测试需求分析与策划；
- 测试设计与实现；
- 测试执行；
- 测试总结。

2.4.2　测试需求分析与策划

1. 确定测试项

配置项测试的测试依据是软件需求规格说明。依据软件需求规格说明，从三类软件需求(功能、质量因素、设计约束)中识别测试项。

对软件需求项的规格要素进行分析，确定每个测试项的规格要素，主要包括如下。

- 测试项名/标识；
- 测试内容；
- 测试子项/测试类型；
- 测试方法；
- 测试充分性要求。

2. 确定测试策略

配置项测试策略需要关注的内容包括如下。

(1) 确定 1～3 个关键/重要测试项；归纳总结性描述这些测试项的测试方法。

(2) 当采用新型或特殊的测试方法时，需要专门给出原因分析和有效性证明。

(3) 对 CSCI 的关联性功能给出测试解决方案。

(4) 对于难以采用直接证据证明的测试内容，分析阐明间接测试证据的有效性。

(5) 当测试环境难以满足测试要求时，给出替代解决方案以及替代解决方案的有效边界。

3. 确定测试环境

依据各个测试子项中采用的测试方法，确定测试环境的组成。

4. 确定测试进度和人员分工

按照测试过程分别说明每个过程的进度要求；依据测试项，评估工作量，对测试人员进行分工。

5. 确定受控工作产品

每个测试过程中产生的不同工作产品需要明确这些工作产品受控管理的方法。

6. 形成工作产品

测试需求分析与策划活动形成的工作产品是测评大纲。

2.4.3 测试设计与实现

测试设计与实现是依据软件测评大纲的各测试项要求设计和编写测试用例。

配置项测试通常是黑盒测试。

配置项测试常见的测试类型包括：文档审查、静态分析、代码审查、功能测试、接口测试、性能测试、安全性测试等。

1. 功能测试

1) 功能测试的目的

功能测试的目的是依据软件需求规格说明中对 CSCI 的功能定义，验证源代码实现功能的正确性。

(1) 功能测试就是通过对被测实体的测试，证明软件正确实现了其应该承担的责任，同时也证明了相应的软件设计解决方案不存在缺陷。

功能测试与软件主要开发活动的输出之间的关系见表 2-5。

表 2-5　功能测试与软件开发活动输出的关系

	需求	设计	实现
活动输出	功能的规格要求	源文件、函数	代码
功能测试	测试的依据	测试的辅助依据	被测实体

(2) 功能测试就是测试部件之间的动态关系。

一个 CSCI 由多个软件部件(源文件)组成，CSCI 的任一功能都是通过部件之间的相互协同完成的，这种协同可以通过静态关系和动态关系表示。

软件设计师需要通过设计，将 CSCI 的某项功能分配给组成这个 CSCI 的相关部件。表 2-6 所示的就是 CSCI 功能分配表，表示的是静态关系。

表 2-6　CSCI 功能分配表

CSCI 的功能	部件列表				
	源文件 1	源文件 2	源文件 3	…	源文件 *n*
功能 1	✔	——	✔	——	✔
功能 2	——	✔	✔	✔	——

(续表)

CSCI 的功能	部件列表				
	源文件 1	源文件 2	源文件 3	…	源文件 *n*
…					
功能 *n*	✔	✔	✔		✔

说明：✔表示对应的部件参与了相应 CSCI 功能的实现；即这个部件的某个功能是由相应的 CSCI 功能分配而来的。

软件部件的功能与其组成函数的动态关系可以使用 UML 的时序图表示，如图 2-6 所示。

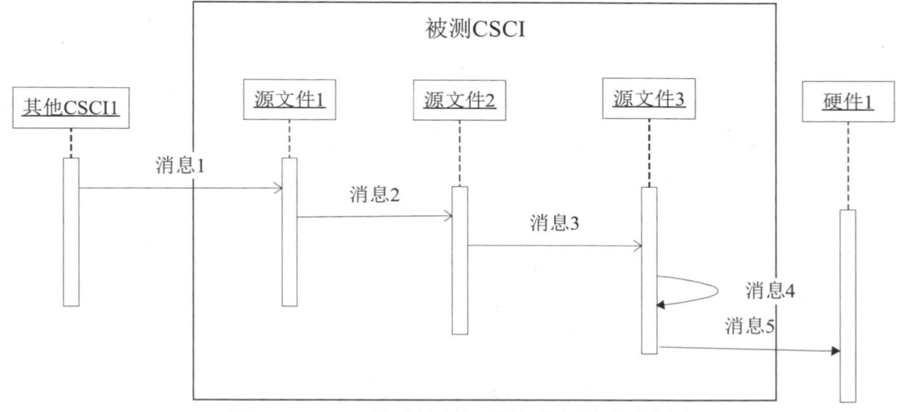

图 2-6　CSCI 的功能与部件的动态关系示意图

可见，CSCI 的功能测试就是测试部件之间的动态关系，也是对部件的集成测试。

2) 功能测试的充分性要求

在测试需求分析活动中，保证功能测试充分性的关键因素包括两点。

(1) 测试需求分析人员对功能规格要求理解的深刻程度。

识别的测试点足以覆盖该功能的规格要求，确保测试能够验证该功能所应对的各种情况。

(2) 测试需求分析人员对功能的软件架构设计理解的深刻程度。

确定的测试点足以覆盖与该功能相关的 CSCI 级设计决策，如与该功能相关的多线程设计、中断设计等。

针对每个功能项，设计的测试用例必须满足该功能的测试充分性要求，充分性的最低要求是应至少被一个正常测试用例和一个被认可的异常测试用例覆盖。

3) 必要时，在高层控制流图中做结构覆盖测试

高层控制流图是指在 GJB 438C 的“软件设计说明”文档的 CSCI 体系结构设计

章节中明确的软件运行的逻辑架构。

例如对一个小型无人机的飞行控制软件而言，其运行逻辑是实时周期采集定位数据、姿态数据，根据预置的飞行航线实时解算下一个飞行点的位置，并向动力装置输出控制信号，控制无人机按航线飞行。在自主飞行控制过程中，当收到地面的控制指令时，飞行控制软件响应，按指令要求进行控制解算，并向动力装置输出控制信号，控制无人机按指令飞行。

对于这个 CSCI 的功能测试，除了针对每项功能开展的测试外，还需要对软件的整体运行逻辑开展功能测试。针对高层控制流图，分析软件中的线程、中断等之间的运行关系，对控制节点做结构覆盖测试。

2. 性能测试

1) *充分性要求*

性能测试的充分性主要考虑软件运行在“最坏”情况下的测试场景。测试场景的数量决定了测试次数；如果只有一种测试场景，则测试次数的数量取决于获取测试结果的测试方法的准确性(如使用秒表计数)，需要获取测试结果的平均值或需要考虑硬件的反应时间。否则，原则上在一种测试数据量的情况下，软件运行在一条路径上，处理所需的时间是相同的，多次测试没有意义。

因此，测试次数不属于性能测试的测试充分性要求，属于测试方法的要求。

2) *测试场景*

软件的性能是用来度量某项功能实现的“好坏”程度。因此，在 GJB 438C 的“软件需求规格说明”模板中，没有专门的性能需求章节，性能需求属于功能需求的规格要求。

可见，测试场景必须源于功能需求，通过分析功能需求的规格要素，结合相应的软件结构设计，识别出软件运行在“最坏”情况下。

3) *与余量/容量/强度测试的关系*

在性能测试基础上，需要同步考虑是否有必要开展相关的余量/容量/强度测试。对其必要性的分析，仍然取决于该性能所度量的功能的规格要求。

例如，对并发用户处理能力这类指标是否需要开展容量/强度测试不是一概而论的。

(1) 对一个师团级的指挥信息系统，无论如何其并发用户数量都是明确的，当性能指标已经是明确的上限值时，就没有必要开展容量/强度测试。

(2) 对于 12306 订票系统，就需要开展并发用户处理的摸底测试。这类测试的价值在于：通过摸底软件的处理极限，查找软件的设计缺陷，同时为增加硬件数量和配置提供依据。

3. 接口测试

软件接口是指 CSCI 与外部其他 CSCI 或硬件交互数据的接口。

接口是一类规则的集合，涉及的概念包括如下。

1) 接口实体

接口实体是指交互数据的双方，双方一定是物理实体，即软件或硬件。

2) 接口类型

接口类型是指双方交互数据的手段。例如，通过网口、串口、CAN 总线等硬手段或通过 API、共享内存、微服务等软手段。

3) 接口协议

接口协议是指双方对交互数据的约定格式，即双方约定的交互信息的语法。

4) 接口数据

接口数据是指按照语法(接口协议)的定义所交互的数据。数据表达了语义，源于相应的功能需求。

CSCI 外部接口包括两类：输入接口和输出接口。

输入/输出接口测试与功能测试的主要区别在于，接口测试侧重对接口协议本身的测试，即对语法实现正确性测试；功能测试侧重对接口所携带数据的测试，即对交互信息的语义实现正确性测试。

思考题 1：接口测试要求“对每一个外部输入/输出接口必须做正常和异常情况的测试”，其中正常的输入/输出接口测试是否与相应功能测试的测试用例重复？

思考题 2：输出接口测试在什么情况下是必须做的？在什么情况下是与功能测试重复的，不是必须做的？

2.4.4 测试执行

配置项测试通常在实验室环境(包括工装测试环境、仿真环境等)中执行，测试环境可控度高，利于测试人员执行测试用例。

配置项测试执行阶段，需要测试人员关注以下两点。

(1) 测试人员应随着测试用例的执行，加深对软件需求的理解；及时发现测评大纲中遗漏的测试点，增加新的测试用例。

(2) 测试人员应及时审视发现的软件问题，确认研发人员给出的问题原因分析的正确性。

2.4.5 测试总结

测试总结主要依据软件测评大纲的要求，对测试过程和测试结果进行总结，最终回答软件对软件需求规格说明的满足情况。

对测试结果的总结内容的表现方式可参考以下示例。

X. 测试结果

X.1 软件 1

X.1.1 测试结果综述

表 x-1 软件 1 的测试结果一览表

序号	代码规模	版本	测试类型	问题数	问题归零数	测试结论
						通过、不通过

X.1.2 测试用例执行情况

表 x-2 软件 1 的测试用例执行情况

测试类型	测试用例数量	执行数	未执行数	通过数	不通过数

X.1.3 软件问题

表 x-3 软件 1 的问题

测试类型	问题数量	问题类型				问题等级			归零情况
		文档	设计	编码	数据	关键	严重	一般	

X.1.4 性能测试结果

表 x-4 软件 1 的性能测试结果

序号	性能要求	测试场景和方法	测试结果	测试结论	备注
					指标要求
					摸底

X.1.5 需求符合情况

表 x-5 软件 1 的需求符合情况

序号	软件需求规格说明		软件测评大纲		测试结果	测试结论
	章节	要求	章节	测试项/标识		

2.5 系统测试

2.5.1 概述

系统测试也称为系统合格性测试。系统测试活动通常由独立的第三方测评机构承担，也可以由软件开发组织内部独立于软件开发人员的测试人员负责完成。

系统测试的测试对象是系统或子系统，通常由多个 CSCI 和相应硬件组成。

系统测试的主要技术要求如下。

(1) 应按系统/子系统规格说明的规定，逐项测试系统的功能、性能等特性。

(2) 应测试软件配置项之间以及软件配置项与硬件之间的所有接口。

(3) 应测试运行条件在边界状态和异常状态下的系统的功能和性能。

(4) 应按系统/子系统规格说明的要求，对系统的功能、性能进行强度测试。

(5) 对安全性关键的系统，应对其进行安全性分析，明确每一个危险状态和导致危险的可能原因，并对此进行针对性测试。

系统测试需要开展的活动包括如下。

- 测试需求分析与策划；
- 测试设计与实现；
- 测试执行；
- 测试总结。

2.5.2 测试需求分析与策划

1. 确定测试项

系统测试的测试依据是系统/子系统规格说明。

依据系统规格说明定义的三类需求(功能、质量因素和设计约束)，确定相应的测试项。

除此之外，还需要依据系统运行方案说明，确定与(系统所属)组织的业务用例相关的测试项。这些测试项的目的是验证系统的功能之间的协调性，确保系统功能之间能够协同完成系统所属组织的业务流程。

2. 确定测试类型

根据每个系统用例规格的定义，确定测试项下的测试类型；主要依据系统用例规格的“规则与约束”识别测试类型。

3. 确定测试策略

系统测试的测试策略主要考虑测试环境选取和特殊测试方法选择的策略。例如测试环境中被测设备或陪测设备的数量、测试输入数据的数量以及激励系统运行的方法，需要论证所选取的特殊测试方法能够满足测试要求且其测试结果是可信的。

4. 确定测试环境

系统测试环境通常要求实装环境，即测试环境的软硬件配置与实际使用环境完全一致。

5. 确定测试进度和人员分工

按照测试过程分别说明每个过程的进度要求；按测试项对人员进行分工。

6. 确定受控工作产品

每个测试过程中产生的不同工作产品需要明确这些工作产品受控管理的方法。

2.5.3 测试设计与实现

测试设计与实现是依据软件测评大纲的各测试项要求设计和编写测试用例。

系统测试通常是黑盒测试。

系统测试常见的测试类型包括：文档审查、功能测试、接口测试、性能测试、安全性测试等。

1. 功能测试

1) 系统功能与CSCI功能的关系

一个系统由多个系统部件组成，系统部件分为两类：软件配置项(CSCI)和硬件配置项(HWCI)。

系统的任一功能都是通过系统部件之间的相互协同完成的，这种协同可以通过静态关系和动态关系表示。

系统设计师需要通过设计，将系统的某项功能分配给组成这个系统的相关系统部件。表2-7所示的就是系统功能分配表，表示的是静态关系。

表2-7 系统功能分配表示例

系统的功能	系统部件列表				
	CSCI1	CSCI2	CSCI3	…	HWCI*n*
功能1	✔	——	✔	——	✔
功能2	——	✔	✔	✔	——
…					
功能*n*	✔	✔	✔		✔

说明：✔表示对应的系统部件参与了相应系统功能的实现；即这个部件的某个功能是由相应的系统功能分配而来的。

系统的功能与系统部件的动态关系可以使用 UML 的时序图表示，如图 2-7 所示。

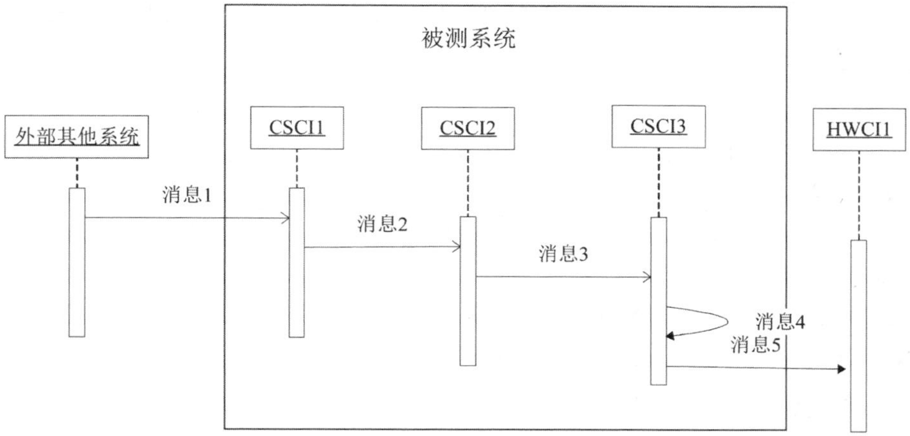

图 2-7　系统的功能与系统部件的动态关系示意图

可见，系统的功能测试就是测试系统部件之间的动态协同关系，也是对系统(软硬)部件的集成测试。

2) 功能测试的充分性

严格意义上，系统的功能测试的依据包括 GJB 438C 的两个文档：系统运行方案说明和系统/子系统规格说明。

功能测试的充分性要求需要在横向上覆盖两个层面，如表 2-8 所示。

- “系统/子系统规格说明”的全部功能需求；
- “系统运行方案说明”的业务流程。

表 2-8　功能测试的充分性

文档	主要内容	充分性要求
系统运行方案说明	● 系统所属的组织 ● 组织内使用系统的人员角色 ● 组织的业务流程(人和系统的交互关系)	业务流程测试项
系统/子系统规格说明	● 系统的功能规格要求 ● 系统的质量因素 ● 系统的设计约束	系统功能测试项

2. 性能测试

1) 系统性能与 CSCI 性能的关系

系统的性能是用来度量系统某项功能实现的“好坏”程度。

系统的性能≠CSCI 的性能。

系统设计阶段，系统设计师通过系统设计决策，将系统性能指标分配给相关的软件配置项和硬件配置项，通过合理的性能指标分配方案，确保系统性能指标能够满足使用要求。

2) 系统性能测试的充分性

系统性能测试的充分性同样需要考虑系统运行在“最坏”情况下的测试场景。

测试场景需要从以下两方面分析。

(1) 实际使用场景。需要测试人员深刻理解组织的业务，以及每种业务在组织内部实现的过程(业务流程)。

(2) 系统运行场景。需要测试人员理解“系统/子系统设计说明”的关于性能指标分配的策略，以及该性能所度量的功能在系统内部实现的过程。

3. 接口测试

1) 系统接口与 CSCI 接口的区别

系统的外部接口和 CSCI 的外部接口存在巨大的不同，CSCI 外部接口所对应的接口实体只有两类(其他软件、硬件)，因此 CSCI 与外部接口实体之间一定存在物理实体连接。但系统与外部接口实体之间不一定存在物理实体连接。例如雷达探测系统，其与所探测的目标(如飞机)之间不存在物理实体连接，雷达是通过天线捕获目标反射的回波信号。

这类外部接口已经不属于软件接口，超出了软件测试的范围，在测试需求分析时，应该明确不在接口测试范围。

2) 接口测试的充分性

接口测试要求“测试软件配置项之间以及软件配置项与硬件之间的所有接口”；此要求针对的是系统的内部接口(即系统部件之间的接口)，如果在配置项测试时，这些配置项之间的接口全部经过测试，则在系统测试时无须再重复测试。

对系统的外部接口而言，存在以下两种情况。

(1) 所有与软件相关的系统外部接口均在配置项测试时完成了接口测试，配置项测试使用的是接口测试工具，模拟外部实装系统。

对于此类情况，在系统测试时，需要再次做接口测试；使用真实外部实装系统，重点验证被测系统与真实外部系统交互信息时对约定接口协议的遵循情况。

例如，接口协议中定义了一些“预留”字段，有些真实外部系统使用了这个字段，有些没有使用这个字段。

(2) 配置项测试时，未完全覆盖所有与软件相关的外部接口。

对于此类情况，在系统测试时，需要对未测试的接口开展接口测试；使用接口测试工具，模拟外部其他系统输出违反协议的接口数据，验证被测系统对异常接口数据的处理能力。

2.5.4 测试执行

系统测试环境通常不是实验室环境，容易出现测试人员难以预料的不可控因素。因此，系统测试执行阶段，需要测试人员特别关注以下两点。

(1) 系统出现预料之外的问题。

这是指非测试用例发现的问题，是被测试人员偶然发现的。对这类问题如实记录后，应进行分析，复现问题现象。

(2) 由于测试环境原因导致测试用例不通过。

当测试用例执行不通过，但软件开发人员无法定位问题原因时，测试人员应该检查测试用例执行时的测试环境配置，对测试环境原因导致的测试用例执行不通过情况需要做专门记录，并分析对测试结果的影响。

2.5.5 测试总结

测试总结主要依据软件测评大纲的要求，对测试过程和测试结果进行总结，最终回答系统对系统/子系统规格说明的满足情况。

对测试结果的总结内容的表现方式可参考以下示例。

X. 测试结果

X.1 系统 1

X.1.1 测试结果综述

表 x-1 系统 1 的测试结果一览表

序号	测试类型	问题数	问题归零数	测试结论
				通过、不通过

X.1.2 测试用例执行情况

表 x-2 系统 1 的测试用例执行情况

测试类型	测试用例数量	执行数	未执行数	通过数	不通过数

X.1.3 系统问题

表 x-3 系统 1 的问题

测试类型	问题数量	问题类型				问题等级			归零情况
		文档	设计	编码	数据	关键	严重	一般	

X.1.4 性能测试结果

表 x-4 系统 1 的性能测试结果

序号	性能要求	测试场景和方法	测试结果	测试结论	备注
					指标要求
					摸底

X.1.5 需求符合情况

表 x-5 系统 1 的需求符合情况

序号	系统/子系统规格说明		软件测评大纲		测试结果	测试结论
	章节	要求	章节	测试项/标识		

习题

1. 简述 4 种测试级别(活动)对应的测试对象和测试依据。
2. 简述 4 种测试级别(活动)所采取的测试策略的侧重点。
3. 简述如何确定单元测试的测试项和需要确定测试项中的哪些要素。
4. 简述如何理解配置项测试中要求在高层控制流图中做结构覆盖测试。
5. 简述系统、软件配置项、软件部件之间的关系。

第3章 软件测试需求分析

3.1 综述

3.1.1 测试需求分析与软件需求分析的关系

软件需求分析是对软件进行需求分析，其研究对象是软件，研究结果包括以下内容。

1) 发现三类软件需求

(1) 功能——软件应该干什么。

(2) 质量因素——对软件的质量要求。

(3) 设计约束——对软件使用的环境、技术等的约束条件。

2) 确定软件用例规格

(1) 详细定义软件用例的规格。

(2) 定义软件的外部接口规格。

测试需求分析是对被测软件的需求(软件需求分析的结果)进行分析，其研究对象是被测软件的需求规格说明，通过使用有效的分析方法，得到以下测试需求分析的结果。

1) 测试广度——测试(子)项

确定测试什么。全面覆盖软件需求规格说明的所有三类需求(功能、质量因素和设计约束)。

2) 测试深度——测试(子)项下的测试点

通过验证哪些点/情况(测试点)能够充分证明软件正确实现了它应该干的事情。

3) 测试方法——测试(子)项的具体测试方法

使用什么方法能够生成测试点所需的测试输入数据以及使用什么方法能够有效

验证测试输出数据的正确性。

测试需求分析与软件需求分析活动的关系见表3-1。

表3-1 测试需求分析与软件需求分析活动的关系

活动	分析对象	分析结果
软件需求分析	软件	软件的三类需求和需求规格
软件测试需求分析	软件需求规格说明	测试广度(测试项)、深度(测试子项/测试点)、测试方法等

3.1.2 测试需求分析和测试设计的关系

测试需求分析和测试设计的区别如下。

(1) 测试需求分析是一个“发现性”的过程，而测试设计是一个“创造性”的过程。

也就是说，所有的测试点本身就在那里，就好像一些珍珠埋在沙子里，只是需要我们使用适当的方法去发现。

测试设计就是把测试点加工为测试用例。在这个过程中使用的方法就叫测试用例设计方法，包括：路径分析法、因果图、判定表、正交试验法、等价类、边界值、猜错法等。

(2) 测试需求分析是提出待解决的问题，而测试设计是给出解决方案。

测试需求分析得到的测试项提出“测试什么”的问题，测试点提出“测试到什么程度”的问题。

测试设计就是针对这些问题，依据测试方法，给出充分的能够解决这些问题的测试用例。

测试需求分析和测试设计的关系示意图见图3-1。

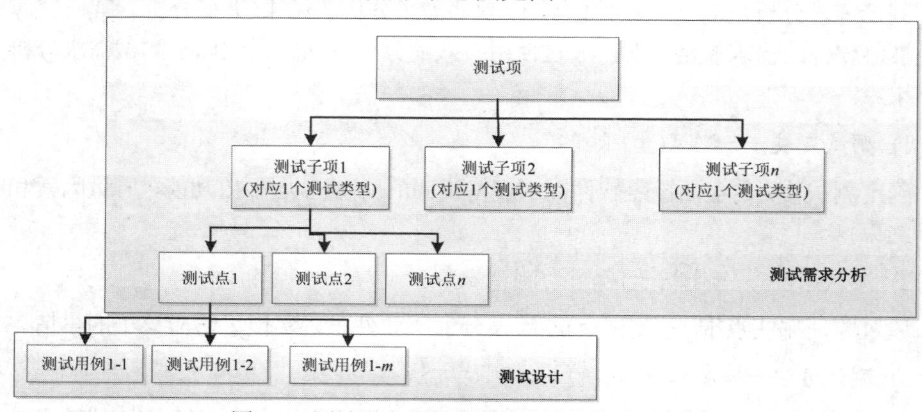

图3-1 测试需求分析和测试设计的关系示意图

3.1.3　测评大纲主要内容之间的关系

测评大纲是测试需求分析活动的工作产品，其主要内容包括如下。

- 被测件概述；
- 测试内容；
- 测试环境；
- 测试策略；
- 测试风险。

这 5 个要素之间的关系见图 3-2。

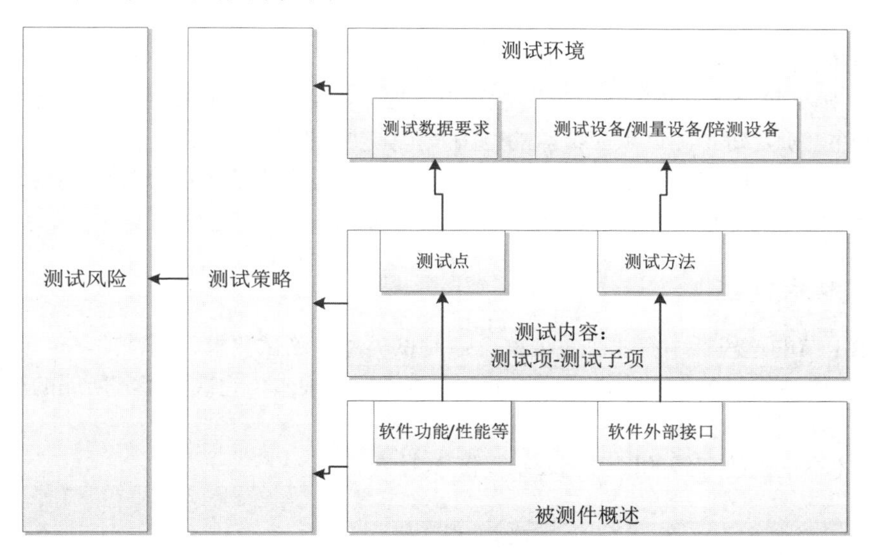

图 3-2　测评大纲主要内容之间的关系

完成测试需求分析后，形成测评大纲文档时，需要关注以上内容的协调性，确保上下文内容正确、一致。其相互关系表述如下。

(1) 被测件概述内容决定了测试内容。

被测件的软件功能、性能等决定了测试项、测试子项和测试点；被测件的外部接口决定了测试子项的测试方法。

(2) 测试内容决定了测试环境。

测试子项的测试方法决定了测试设备、测量工具和陪测设备；测试点决定了所需的测试数据。

(3) 测试策略来源于前三个要素。

(4) 测试策略决定了测试风险。

通过测试策略的分析结果，能够识别出相应的测试风险。

3.2 测试需求分析要求

3.2.1 要求

按照军用软件测评实验室的规定，测试需求分析活动应满足以下要求。

实验室应根据软件测评任务书、合同或其他等效文件，以及被测件的需求规格说明或设计文档，对测评任务进行测试需求分析。分析中应包括如下内容。

(1) 确定需要的测试类型及其测试要求并进行标识(编号)，标识应清晰、便于识别。

(2) 确定测试类型中的各个测试项及其优先级。

(3) 确定每个测试项的测试充分性要求。根据被测软件的重要性、测试目标和约束条件，确定每个测试项应覆盖的范围及范围要求的覆盖程度。

(4) 确定每个测试项测试终止的要求，包括测试过程正常终止的条件(如测试充分性是否达到要求)和导致测试过程异常终止的可能情况。

3.2.2 概念误区

3.2.1 节的这段话中有 3 个重要概念：测试类型、测试要求、测试项。

对这段话的一种不正确的解读如下：测试类型是根本，它决定了其所属的测试要求以及所属的测试项。

上述不正确的理解的图形化表示见图 3-3。

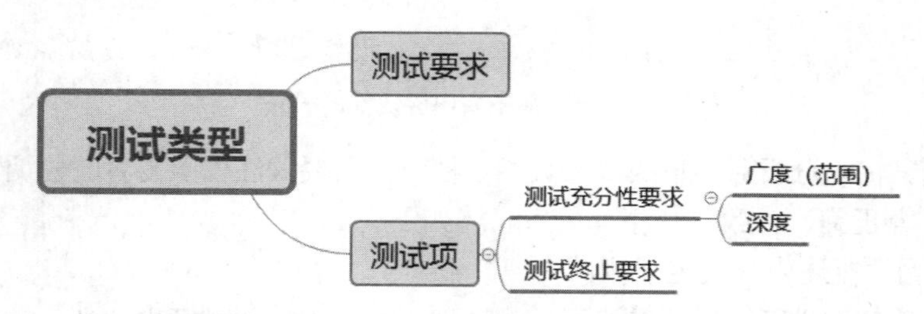

图 3-3　测试类型与测试项的关系示意图(错误理解)

这种理解存在的明显逻辑不通的情况如下。

(1) 测试类型从何处分析而来？如果它既不是来自对测试项的分析，也不是来自对测试要求的分析，那么它来自哪里？

(2) 如果测试要求从属于测试类型，那么任何软件的功能测试的测试要求都一样吗？

(3) 如果测试类型即能够决定测试要求，同时又决定测试项，那么测试项和测试要求又是什么关系？

最终的疑问是，测试类型到底是从何而来？依据什么分析得到测试类型？

为进一步澄清测试类型、测试要求和测试项之间的关系，继续看这段话所在原文中对于这3个概念的定义。

- 测试类型是指“测试方法中按特征划分的一些类别”。
- 测试项是指“对应一个测试需求条款的一类测试”。
- 测试要求包括“状态、接口、数据结构、设计约束等要求”。

上述定义均存在一定歧义。

(1) 关于测试类型的歧义。测试类型应该与测试方法无关，而与软件需求的类型有关，应该定义为“基于软件需求的不同特征，从测试角度划分的对应类型”。可见，测试类型是基于软件需求的类型(功能、性能、接口、人机交互、安全性、余量等)而人为划分出的类型。

(2) 关于测试项的歧义。“一类测试”语义不详，不能确定对应一个测试需求条款形成的测试项是复数(一组测试项)还是单数(必须是一个测试项)。

(3) 关于测试要求的歧义。测试要求为什么不包含关于软件功能的处理逻辑要求、处理性能要求等？可见，测试要求包括的内容很难完全靠罗列说明，应该对测试要求从概念层面给出明确定义，以便测试人员能够充分理解分析测试要求的目的。笔者个人认为，测试要求概念存在两种情况：一是从字面理解，测试要求应该等同于测试项的测试充分性要求，即测试项的测试广度和深度就是测试要求；二是从上文的原意理解，测试要求应该改为“测试需求”，是指一个测试项的需求，即谁(who)在什么时机(when)通过什么接口(where)要求软件做什么(what)以及软件如何(how)做。明确了测试项的测试需求，以此为依据，继续分析用什么方法(测试方法)和通过验证哪些情况(测试充分性)就能够证明软件正确做了它应该做的事情。

可见，从分析逻辑看，测试需求是分析确定测试充分性的基础。没有全面、充分的测试需求内容，无法保证测试充分性内容的有效性和正确性。

3.2.3 正常分析逻辑

合理的测试需求分析的思考逻辑是：从软件需求规格说明中确定需要测试的主题/需求条款，即测试项；不同的测试项决定了不同的测试要求，即测试需求(如针对一个功能需求规格表，可以分析出功能、性能、边界、数据处理、恢复性等测试要求)；不同的测试需求决定了相应的测试类型。

可见，测试项是分析确定测试类型的源头。测试项决定了测试类型，两者的关系示意图见图3-4。

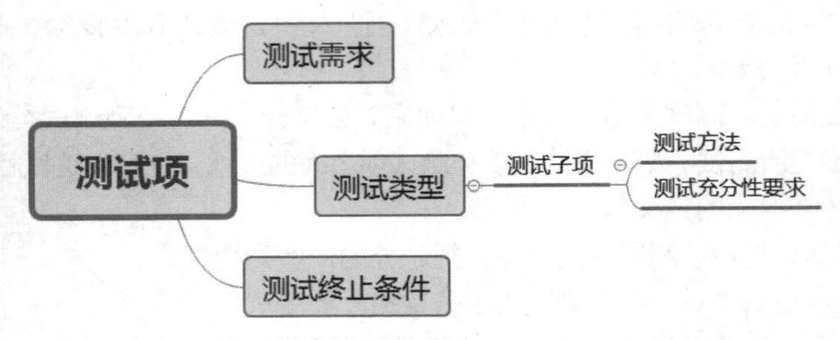

图 3-4　测试类型与测试项的关系示意图(正确理解)

因此，测试类型不是重点，它只是便于测试行业采用一种达成共识的术语进行无歧义交流而已。重要的是测试需求分析识别出的测试项是否正确、测试需求是否完备、针对测试项的测试需求是否分析出足够充分的测试子项(匹配了合适的测试类型)，以及对测试子项是否分析出足够充分的测试点。

可以思考为什么 GJB 438C 的软件需求规格说明中不存在专门的性能需求章节。因为性能是度量某个功能实现“好”到什么程度的指标，如果分开章节描述，割裂性能要求和功能要求的关系，抛开性能要求的上下文，那么并不利于软件设计人员理解性能要求，同样不利于测试需求分析人员设计有效的性能测试场景。

3.2.4　测试充分性

上文中还有一个非常重要的概念“测试充分性要求”。对这个概念，因为没有给出过定义，所以测试需求分析人员对“测试充分性”难以把握，不知道如何开展测试需求分析才可以保证做到好的“测试充分性”。

测试充分性包含 3 个层面内容。

- 第一层：对软件整体而言，测试项必须充分；即测试项应该全面覆盖软件需求规格说明的全部条款，不能遗漏测试项。也就是说，当建立测试追踪表时，软需中的每个条款都应该被一个测试项追踪。
- 第二层：对软件需求项(软需中的条款)而言，测试子项必须充分；即一个软件能力需求项需要从功能、性能、接口、人机、恢复、安全等多个维度进行测试，不能遗漏测试子项。也就是说，当建立测试追踪表时，软需中的每个条款不仅被一个测试项追踪，而且被多个测试子项追踪。
- 第三层：对软件需求项(软需中的条款)而言，测试点必须充分；即无论是功能、性能、接口等，都需要通过多个测试点(多种输入输出情况)证明软件实现(设计和编码)的正确性，不能遗漏测试点。

满足了以上三层充分性要求，测试需求分析的结果才能够覆盖软件需求规格说明内容的广度和深度。

从测试充分性的这 3 个层面看，目前软件测试需求分析存在的普遍问题如下。

(1) 遗漏测试项偶有发生。导致这个问题的原因是软件需求规格说明识别的 CSCI 能力需求不正确。

(2) 遗漏测试子项时有发生。导致这个问题的原因是测试需求分析人员只对一个 CSCI 能力需求识别出了一个测试项/测试子项。

(3) 遗漏测试点频频发生。导致这个问题的原因是测试需求分析人员没有正确分析得到测试需求的内容。

3.3 测试策划要求

3.3.1 要求

按照军用软件测评实验室的规定，测试策划活动应满足以下要求。

实验室应根据软件测评任务书、合同或其他等效文件，以及被测件的需求规格说明或设计文档，对测评任务进行测试策划。策划一般包括如下内容。

(1) 确定测试策略，如部件测试策略。

(2) 确定测试需要的技术或方法，如测试数据生成与验证技术、测试数据输入技术、测试结果获取技术。

(3) 确定要受控制的测试工作产品，列出清单。

(4) 确定用于测试的资源要求，包括软硬件设备、环境条件、人员数量和技能等要求。

(5) 进行测试风险分析，如技术风险、人员风险、资源风险和进度风险等。

(6) 确定测试任务的结束条件。

(7) 确定被测软件的评估准则和方法。

(8) 确定测试活动的进度。

(9) 确定需要采集的度量及采集要求。

这里重点分析条款要求(1)和(2)。

3.3.2 测试策略

首先，明确以下 3 个不等于。

1) 测试策略 ≠ 测试概述

有些测试需求分析人员会将每个软件配置项的测试内容进行统计，当成测试策略。例如，某个软件配置项有 M 个能力需求项，分析得到 N 个功能测试项、U 个性能测试项、V 个接口测试项等。

策略不是测试需求分析工作总结，更不是数据统计。测试策略是测试解决方案的集合，且需要说明选取某个方案的理由。

2) 测试策略≠测试方法

这个在前述要求中已经不言自明。“确定测试策略”和“确定测试需要的技术或方法”两个条款分别要求确定测试策略和测试方法，这两者的内涵完全不能等同。

有些测试需求分析人员会对每个软件配置项的测试方法进行概述，当成测试策略；这是对测试策略概念的认知错误。

3) 测试策略≠测试用例设计方法

测试用例设计方法是确保测试用例设计充分、有效的一个手段，它是测试设计活动中测试设计人员采用的主要方法；而测试策略是测试需求分析策划活动中，测试需求分析人员针对识别的重要问题给出的测试解决方案。

总之，测试策略的内容不是测试内容的总结、概述。测试策略应该提供更多的关于测试解决方案的信息，而不是对测试项内容已经提供的信息进行新的排列组合、数据统计等。

按照百度词条的解释，策略指计策、谋略，一般是指可以实现目标的方案集合。实现目标有不止一个可选方案，选择哪个方案？为什么选择这个方案？

对上述问题的回答过程就是需要描述的策略。基本的回答逻辑示例如下。

问：为什么这么做而不那么做？

答：因为……所以……。

3.3.3 测试方法

在测试需求分析层面，测试方法是指产生输入数据的方法以及验证输出数据的方法。

可见，此时的测试方法主要面向测试的输入数据和输出数据。

测试方法意味着两点：①测试输入数据是可以被测试人员所控制的，即测试人员知道输入的具体数据值；②测试输出数据是可以被测试人员所验证的，即测试人员知道输出的具体数据值。

需要注意以下 3 个要点。

- 测试方法≠测试操作。
- 测试方法≠测试用例设计方法。
- 测试方法决定了测试环境。

例如，正确的测试方法描述：使用串口调试助手模拟某软件产生某类数据、使用示波器测量软件输出的电平；错误的测试方法描述：“点击某某菜单/按钮”“打开某某对话框”等，或者描述测试人员的具体操作过程。

显然，正确的测试方法无须描述具体的测试操作行为，它决定了测试环境中的测试设备(串口调试助手、示波器)。而错误的测试方法描述了具体的测试操作行为，且它对测试环境的配置没有任何贡献。

选择测试方法的原则为：输入数据可以被测试人员控制；输出数据可以被定量验证。

1) 输入数据可以被测试人员控制

这是指测试人员能够按自己的意愿对测试输入数据进行控制。

(1) 制造(增删改)数据，包括数据的种类、格式、大小、数量等；

例如沙林毒剂检测仪的软件测试方法，我们不可能使用真实的沙林毒剂进行软件测试，那么如何构造测试的输入数据呢？而且这些输入数据是可以被测试人员按照测试点的需要多次构造的。

又如雷达系统的软件测试方法，我们不可能使用真实的飞行目标进行软件测试。

(2) 控制数据输入的时机。

(3) 控制数据输入的速率。

总之，测试人员要非常明确地知道自己在什么时机使用什么手段/工具输入什么数据。

2) 输出数据可以被定量验证

这是指测试人员能够有方法准确判断测试输出数据的正确性。输出数据的种类和输出手段决定了测试方法的选取。

需要格外注意的是，不是软件输出了数据就一定是正确的。测试需求分析还需要对测试点给出输出数据正确性的评判方法，也就是每个测试点的预期结果。预期结果不能表述为“软件成功完成某事”。因为软件测试本身的价值就是选取适当的方法来证明软件是否成功完成某事。预期结果应该表述为通过什么方法能够证明软件成功完成某事，这个方法就是验证输出数据的方法。

例如导航定位软件，在任何位置都能够输出一个位置数据，但如何判断每次输出的位置数据的正确性呢？

又如短期天气预报软件，输出短期(7 天)温度、湿度等数据，如何判断其正确性？

总之，测试人员要非常明确地知道自己在什么时机使用什么手段/工具记录了软件输出的什么数据，以及用什么方法能够证明这些输出数据的正确性。

一些常见测试方法的示例见表 3-2。

表 3-2　测试方法示例

<table>
<tr><th>数据类型</th><th>输出手段</th><th>测试方法</th></tr>
<tr><td>非数值数据</td><td>人机界面输出</td><td>测试人员通过观察即可判断正确性</td></tr>
<tr><td>非数值数据</td><td>端口(串口、CAN、网口等)输出</td><td>依靠测试工具抓包、人工观察验证</td></tr>
<tr><td rowspan="3">数值数据(和输入数据的关系简单)</td><td>人机界面输出</td><td>通过人工计算的测试方法即可验证输出数据正确性</td></tr>
<tr><td>端口(串口、CAN、网口等)输出</td><td>依靠测试工具抓包、人工计算的测试方法</td></tr>
<tr><td>端口(IO)输出</td><td>测量工具(示波器、频谱仪等)、人工计算的测试方法</td></tr>
<tr><td rowspan="2">数值数据(和输入数据的关系复杂)</td><td>人机界面输出</td><td rowspan="2">必须通过专业的计算，才可以验证输出数据正确性</td></tr>
<tr><td>端口(串口、CAN、网口等)输出</td></tr>
</table>

3.4 测试需求分析的方法

3.4.1　测试需求分析的依据

系统测试时，测试需求分析的技术性依据是系统规格说明和系统设计说明，测试目的是回答系统是否正确实现了系统规格说明提出的全部要求。

配置项测试时，测试需求分析的技术性依据是软件需求规格说明和软件设计说明，测试目的是回答软件实体(编码)是否正确实现了软件需求规格说明提出的全部要求。

作为测试的技术性依据，软件需求规格说明的重要性是不言而喻的。软件需求对测试需求分析、测试设计的决定性见表 3-3。

因此，在测试需求分析开始时，软件需求规格说明文档必须是完备的、正确的、可测的。这是文档审查工作的重中之重，只有在合格的软件需求规格说明基础上才能顺利开展测试需求分析。

表 3-3　软件需求分析与测试需求分析

活动	软件需求分析	测试需求分析			测试设计与实现
活动输出	软件用例	测试项	测试子项/测试类型	测试点	测试用例
定义	软件职责	需要验证的软件职责	需要验证的软件职责中的不同特性	需要在哪些点上验证软件正确实现了其职责	实现测试点的测试用例
内容	规格要素： (1)如何和外部交互实现职责(干什么) (2)实现过程中的约束条件	分析提取出软件测试需求，为发现测试子项和测试点奠定基础	对应软件测试需求，确定不同软件特性对应的测试类型	对应软件测试需求，找到足够多的需要验证的情况	测试执行的具体操作
测试充分性	测试充分性的依据	测试广度：充分覆盖软件的三类需求	测试广度：从软件功能需求的规格要素中识别出非功能性特性	测试深度：对测试深度提出要求	测试深度：对测试深度要求的实现

3.4.2　确定测试项和测试类型

依据软件需求规格说明，开展测试需求分析，确定测试项和测试类型。软件需求规格说明和测试类型的关系见表 3-4。

表 3-4　软件需求规格说明和测试类型的关系

软件需求规格说明章节	测试类型	测试要求
3.1 要求的状态和方式	边界测试	当两个状态进行转换，存在边界条件时，应识别出针对状态转换的边界测试(注意，状态和方式是所属各功能需求的前置条件，无须识别出功能测试类型)
3.2 CSCI 能力需求	——	——
3.2.X CSCI 能力	接口测试	从用例规格的“基本流程”和“扩展流程”中识别出需要交互的外部接口实体，应识别出对应的接口测试子项
	性能测试	当用例的“规则与约束”中包含性能要求时，应识别出性能测试子项

(续表)

软件需求规格说明章节	测试类型	测试要求
3.2.X CSCI 能力	功能测试	一个用例至少识别出 1 个功能测试子项
	余量测试 容量测试 强度测试	当性能要求是下限时，视情识别出对应的余量测试、容量测试和强度测试子项
	边界测试	当性能要求存在至少一个边界(端点)时，应识别出针对性能界限的边界测试子项
		当用例的“规则与约束”中包含数据约束时，应识别出针对输入域和输出域的边界测试；当用例的“前置条件”和“后置条件”存在边界条件时，应识别出针对功能界限的边界测试
	数据处理测试	当用例的“规则与约束”中包含数据处理逻辑(如特定算法)时，应识别出数据处理测试子项
3.3 CSCI 外部接口	——	——
3.3.1 接口标识和接口图	——	——
3.3.X 接口的项目唯一标识符	接口测试	需求中的每一个外部接口都应识别出 1 个接口测试项。此时，接口测试项和从用例规格的处理流程中识别出的接口测试项应该完全一致
3.4 CSCI 内部接口需求	接口测试	需求中的每一个内部接口都应识别出 1 个接口测试项
3.5 CSCI 内部数据需求	数据处理测试	当有内部数据需求(数据库或数据文件)时，软需应明确“CSCI 必须提供、储存、发送、存取、接收的各个数据元素和数据元素组合体所要求的特征”；对此，可视情识别出数据处理测试
3.6 适应性需求	安装性测试	当需求中描述了“CSCI 将提供的与安装有关的数据的需求”时，应识别出安装性测试
	功能测试	当需求中描述了“CSCI 使用的运行参数(如指明与运行有关的目标常数或数据记录的参数)的需求”时，应识别出相应的功能测试(不同的运行环境加载不同的配置参数)

(续表)

软件需求规格说明章节	测试类型	测试要求
3.7 安全性需求	安全性测试	当需求中描述了"关于防止或尽可能降低对人员、财产和物理环境产生意外危险的 CSCI 需求"时，应识别出安全性测试
3.8 保密性需求	安全性测试	当需求中描述了"与维护保密性相关的 CSCI 需求"时，应识别出安全性测试
3.9 CSCI 环境需求	——	该条需求决定测试环境中被测件的运行环境配置
3.10 计算机资源需求	——	该条需求决定测试环境
3.10.1 计算机硬件需求	——	该条需求决定测试环境
3.10.2 计算机硬件资源使用需求	余量测试	当需求描述了诸如"最大允许利用的处理机能力、内存容量、输入/输出设备的能力、辅助存储设备容量和通信/网络设备的能力"时，应识别出余量测试
3.10.3 计算机软件需求	——	该条需求决定测试环境
3.10.4 计算机通信需求	余量测试 容量测试	当需求中描述了诸如"数据量的峰值"时，可视情识别出余量测试和容量测试
3.11 软件质量因素	安全性测试	当需求中描述了功能性安全需求或保密性需求时，应识别出安全性测试
	兼容性测试	当需求中描述了与平台软件或硬件的兼容性要求时，应识别出兼容性测试
	可靠性测试	当需求中描述了"软件健壮性要求，如对系统瞬时掉电、受外界干扰、接口故障(非法输入、0/1 故障)等的适应能力"时，应识别出可靠性测试
	恢复性测试	当需求中描述了软件冗余、备份或恢复至掉电前状态等要求时，应识别出恢复性测试
3.12 设计和实现约束	数据处理测试	当需方提出明确的算法要求时，应识别出数据处理测试
	互操作性测试	当需方明确提出与其他外部系统的互操作性要求时
	兼容性测试	当需方明确提出与其他系统、软件的集成性要求时
	安全性测试	当需方明确禁止使用某些部件时

依据软件需求规格说明确定测试项时，存在以下 3 种情况。

1) 一个测试项对应一个 CSCI 用例

一个测试项对应软件需求规格说明的一个章节，但是从一个 CSCI 能力需求确定的规格说明中能够分析得到多个测试子项(多种测试类型)。

可见，一个 CSCI 能力需求项应该对应一个测试项，且该测试项下可能存在多个测试子项(不同测试类型)。也就是说，要充分证明软件实现一个 CSCI 能力需求的正确性，需要对多个测试子项(测试类型)进行测试。

2) 一个测试项对应一个用例包(多个 CSCI 用例的集合)

这种情况适用于处理流程简单且存在较强耦合度的用例集合。

例如相机调焦用例包，它包括两个用例：调焦+和调焦-。

处理流程：软件收到调焦指令(调焦+或调焦-的步长数据)，根据电机当前位置，按照步长计算并输出正向或反向电机驱动电压，直至电机转动到位。

这两个用例处理流程简单，且处理同一组数据对象，适用于在一个测试项中作为两个测试子项对待。

同理，ATM 设备的取款用例和存款用例就不适合放在一个测试项中。

3) 对应 CSCI 的任务流程的测试项

这类测试项是针对 CSCI 的高层控制流图进行的测试。

当外部执行者需要 CSCI 完成一项任务时，为完成这个任务，CSCI 被分配多个功能(不止一个用例)。这些用例之间存在流程关系，即用例执行不仅存在先后顺序，而且存在条件约束关系。此时，CSCI 对该任务实现的控制流程需要识别出专门的测试项。

3.4.3　确定测试项的测试需求

测试要求包括状态、接口、数据结构、设计约束等要求。可见，测试要求是指针对每个测试项(软件需求项)需要确定的测试需求；即(测试项的)测试要求=(测试项的)测试需求。

测试需求来源于软件需求规格说明和软件设计说明，它是决定每个测试项的测试充分性要求的关键因素。

针对某项功能需求，测试需求主要包括以下内容。

(1) 输入数据。

(2) 输出数据。

(3) 处理逻辑。

- 指输入数据和输出数据之间的关系，即输入数据如何影响输出数据。

- 指软件完成功能需要和外部执行者完成的交互流程。

(4) 设计约束。

这是指处理过程中应该遵循、满足的各类约束性要求，如性能要求、业务规则、数据约束等。

当针对某项功能需求，确定其测试需求时，应对软件需求规格说明的用例规格的以下内容进行分析。

1) 输入数据约束

这是指软件与外部系统交互时接收的外部输入数据的要求，包括数据内容和物理范围要求。

2) 输出数据约束

这是指软件与外部系统交互时对外部输出数据的要求，包括数据内容和物理范围要求。

3) 处理逻辑

这是指输入数据和输出数据之间的关系，即输入数据如何影响输出数据。

4) 业务规则

这是指该功能执行时应该遵循的约束性要求。

5) 性能要求

这是度量该功能实现“好”的程度的定量要求。

6) 数据显示要求

当软件输出需要显示时，应明确显示要求，包括内容、量值、精度、范围等。

7) 前置条件和后置条件

这是指该功能执行时软件所处的前、后状态。

3.4.4　确定测试项的充分性要求

测试充分性的分析依据是测试项的测试需求，测试充分性是指每个测试项应覆盖的范围及范围要求的覆盖程度。

这里，测试项的测试充分性分为两个层级。

1) 确定测试项的广度(覆盖的范围)——测试子项

对测试需求进行分析，确定每个测试项应覆盖的范围(即测试子项)，并为测试子项匹配一个合适的测试类型。

2) 确定测试项的深度(范围要求的覆盖程度)——测试点

对测试需求进行分析，确定每个测试子项要求的测试覆盖程度，即每个测试子项下的测试点。

测试点决定了测试的覆盖深度。测试点是测试用例设计的依据，决定了对每个函数单元测试的语句覆盖率、判定覆盖率、条件覆盖率等。

3.4.5 确定测试项的测试终止要求

测试终止条件包括测试过程正常终止的条件(如测试充分性是否达到要求)和导致测试过程异常终止的可能情况。

1) 测试过程正常终止的条件

正常终止条件是指对一个测试项设置正常结束测试的条件，该条件通常包括如下。

(1) 达到了测试充分性的要求。

这是指该测试项包含的所有测试子项(测试类型)且所有测试子项下的测试点测试均通过测试。

此处容易产生的一个误区，将“所有测试用例执行结束”视为达到测试充分性要求。这是一个典型的逻辑错误。测试项正常终止条件是对测试用例设计提出的约束性要求，是对测试设计活动提出的要求，不能本末倒置，反过来将测试用例执行结束作为测试项终止条件。

况且，所有测试用例执行结束并不能证明测试充分性达到了要求，例如当出现测试用例设计存在问题，测试用例不完备时。

(2) 对某个关键测试点，测试用例设计应满足的条件。

这是指针对某个关键测试点，测试用例设计必须采用的设计方法，或者要求测试用例的数量。当满足这些要求时，该测试项才能正常结束测试。

(3) 对该测试项，测试用例设计应该达到的各类覆盖情况。

针对某些关键测试项，可以对测试用例设计应该达到的语句覆盖、分支覆盖等提出具体要求。当满足这些要求时，该测试项才能正常结束测试。

2) 测试过程异常终止的条件

导致测试过程异常终止的可能情况不是必然发生的，属于可能发生也可能不发生的情况。但一旦发生，就导致相应测试项的测试过程终止，此时的“测试过程终止”不是指单个的某个测试用例的终止，而是指测试项的测试终止。

这种导致测试过程终止的可能情况不一定对每个测试项都存在；如果存在，可以识别为一个测试风险并给出相应的风险应对措施。

这种情况的分析依据是测试项下的各测试子项之间的关系及其各自的测试方法。

(1) 当某个测试子项测试不通过时，其余所有测试子项都将处于测试终止状态。

例如，数据的增删改查功能，当增加数据的测试子项不通过时，其余功能就不具备测试条件。

又如，第一个测试子项是功能测试，其余是其相应的性能测试、余量测试等；当功能测试子项不通过时，性能测试子项就不具备测试条件。

(2) 当某个测试项子项发现的问题数超过一定量，经过分析，确定继续测试已经没有意义时，可以终止该测试项的测试。

(3) 对某个测试点，软件出现严重问题时。

针对某个测试点，如果软件出现严重问题，对其他测试点的测试都需要重新进行时，可将该要求作为异常终止条件。

(4) 测试环境中可能出现的导致测试无法继续的问题。

在测试需求分析阶段，需要在理想测试环境和现实测试环境中决策测试子项所选用的测试方法。

3.5 识别测试项

3.5.1 概述

如何确定测试项是一个看似简单实则困难的事情。

说它简单是指当面对高质量的软件需求分析结果时，确定测试项就不是困难的事情。高质量的软件需求分析结果是指需求分析人员识别的每个软件用例都是正确的、每个软件用例的规格都是明确的；即一切内容都是无歧义的，无须软件开发人员再解释。此时，测试需求分析人员就可以将软件用例确定为测试项。

实则困难是指在实际项目中，测试人员面对的困境是大部分软件需求分析结果都是不合格的，主要表现为：软件需求分析人员识别的软件用例是错误的，而且缺少明确的用例规格。此时，测试需求分析人员需要充当软件需求分析人员的角色，重新开展软件需求分析。如果不这样做，很可能出现由于软件需求规格说明遗漏软件用例而导致测试需求分析遗漏测试项的恶劣情况。

3.5.2 功能需求的误区

测试项对应系统/软件的一项需求(包括三类：功能、质量因素、设计约束)；其中，功能是指软件对外提供的可见的、有价值的一段操作或行为。

关于功能的定义，包含以下几个要点。

- “对外提供的”是指完全无须考虑软件的内部如何实现，只需要站在软件的外部视角，观察软件呈现的操作或行为。
- “可见的”是指软件与外部执行者之间的交互过程(软件呈现的操作或行为)

是可见的，即对软件而言，其“输入”和“输出”是在外部可见的。从软件测试的视角看，这段操作或行为是可以用黑盒测试方法进行测试的。

- “有价值的”是指这段操作或行为对外部的主执行者而言，是它所需要的、软件对它提供的服务。

明确功能从属的对象(即明确所描述的是“谁的”功能)这一点非常重要。如果混淆了功能从属的对象，那么识别出来的功能就会出现张冠李戴的现象。最容易出现的问题是混淆整体与部件，将部件的功能作为整体的功能。

(1) 功能所属的对象通常包括三大类：组织、系统(子系统)、软件配置项(如图 3-5 所示)。虽然每一层的每一种对象都具备其自身的功能(符合上述关于功能的定义)，但是上层对象的功能不等于下层对象的功能，即系统功能≠子系统功能≠CSCI 功能≠软件部件功能≠软件单元功能。

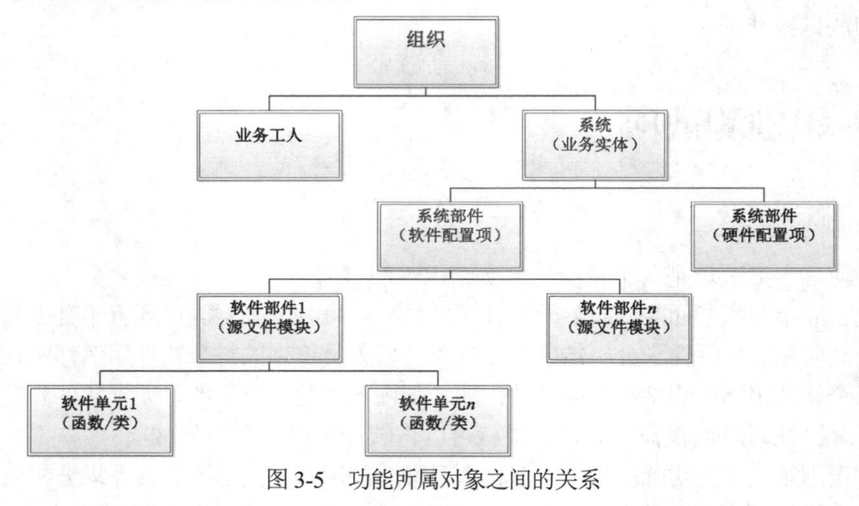

图 3-5　功能所属对象之间的关系

例如对于一个无人机气象采集系统，以下系统功能描述是错误的。

① 电源管理是系统功能。

电源管理是系统部件(电源设备)的功能，不是系统功能。因为系统本身并不向(系统)外部提供该能力，不是系统向外部提供的有价值的一段行为，不满足功能的定义。

② GPS 导航是系统功能。

同理，GPS 导航是系统部件(卫星导航设备)的功能，不是系统功能。因为在系统的外部，没有人或其他系统要求无人机系统提供导航服务器，即该功能不是系统向外部提供的有价值的一段行为，不满足功能的定义。

(2) 上层对象(整体)和下层对象(部件)的功能关系如下：下层对象的功能来源于上层对象的功能，是对上层对象的功能进行人为分配得到的。

例如，在系统设计阶段，由系统架构设计师依据系统功能，设计出包含的系统部件，同时对这些系统部件进行功能分配；在系统部件设计阶段，由系统部件架构设计师和软件总师一起对所设计的 CSCI 进行功能分配。

因此，上层对象的功能和下层对象的功能之间存在层层分解关系。但需要强调的是，功能分解是在上下层对象之间传递，而不是对同一个对象进行(原地)功能分解。

另外，同层级不同对象的功能之间存在协作关系，即这些对象的相应功能互相协作，完成所属的上层对象的某一个功能。

3.5.3　测试项和测试类型的关系

测试项对应系统/软件的一项需求(包括功能、质量因素、设计约束三类)；测试类型应该定义为"基于软件需求的不同特征，从测试角度划分的对应类型"。

因此，测试类型只是对所确定的测试项按照其特征进行表述的方式，这种方式能够在软件测试行业规范用语。

那么，对于三类软件需求，如何和各种测试类型对应呢？是不是一项功能需求只能对应一个功能测试项？

这里重点描述如何从一项功能需求分析、识别出不同的测试类型。

首先，根据功能的定义，对特定对象而言，功能就是一组确定的"输入"和"输出"的关系，如图 3-6 所示。这样一组(至少包含一对输入和输出)"输入"和"输出"的关系就是用例规格的基本流程和扩展流程需要描述的内容。

图 3-6　某项功能的输入和输出关系示例

目前，通常使用 UML 用例图的方法描述软件功能，即一个用例 = 一项软件功能；图 3-7 能够比较直观、形象地说明功能和软件的关系。

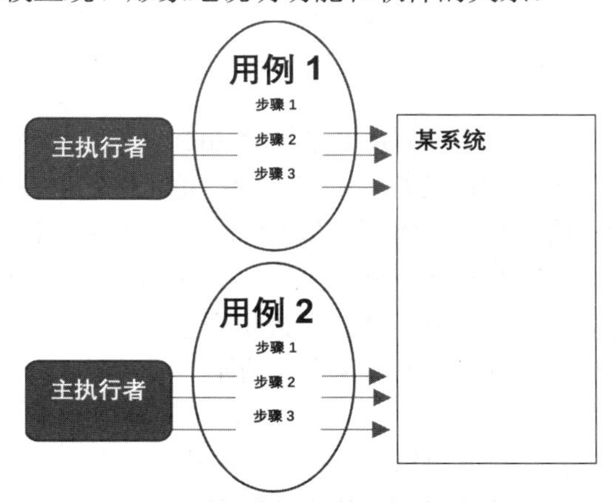

图 3-7　软件和功能(软件用例)的关系示例

要完整描述一项功能需求，必须对其规格进行完备、准确的说明；测试需求分析人员应该对每项功能的规格说明(八项要素)进行分析，从规格要素中识别、确定不同的测试类型。

分析过程如下：(一个)功能项——(一个)测试项——(多个)测试类型。也就是说，通过多个测试类型开展测试，才能够证明某项功能实现的正确性，而不是仅通过一个功能测试项就能够证明该项功能实现的正确性。因此，针对一项功能需求，测试类型是其测试充分性的体现，即对该功能需求进行测试应覆盖的范围。

一项功能需求与测试类型之间的关系见图3-8。

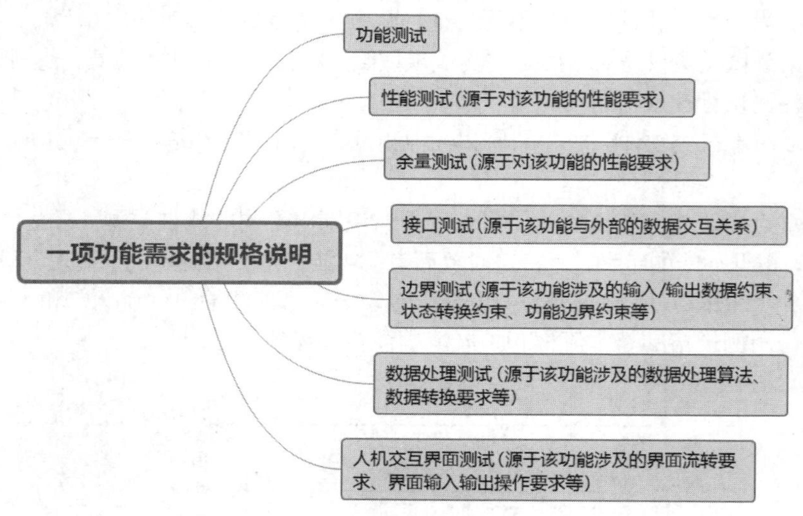

图3-8　测试类型和功能需求项的关系示意图

3.5.4　确定测试项的方法

分析和确定测试项应该在完成文档审查后开展，确定测试项的方法如下。

1) 识别出错误的软件用例

软件需求文档经常从“设计”的角度来划分功能，这样的划分不能为软件外部执行者提供一个完整的、有价值的行为，得到的不是正确的软件用例。

例如一个控制设备用电开关的软件，在软件需求规格说明中，采集开关状态、判断用电电源、控制继电器通断这3个都不是真正的功能，真正的功能是“设备上电”用例，只有这个功能能够为外部执行者提供完整的、有价值的行为。

如果测试需求分析人员直接将上述3个“功能”作为测试项，就会发现它们都不能用黑盒方法进行测试。

(1) “采集开关状态”。输入可以通过按下开关构造，但该功能不向软件外部输出任何数据，只是在软件内部对开关状态变量赋值。

(2) “判断用电电源”。该功能即没有可见的外部输入，也没有可见的外部输出，完全不具备可测试性。

(3) “控制继电器通断”。输出可以通过黑盒方法验证，但输入不可以通过黑盒方法构造。

2) 识别出遗漏的软件用例

这里推荐 3 种方法识别软件需求分析遗漏的软件用例。

(1) 和软件开发人员交流。通过和软件开发人员沟通，发现软件需求文档中没有描述的功能。

(2) 阅读源代码。通过读代码，发现软件需求文档中没有描述的功能。

(3) 分析软件开发文档。分析软件的需求文档，在外部接口需求中核对是否存在有接口、无功能的情况；分析软件设计文档，核对是否有设计的软件部件不能支撑软件需求中的功能，即功能少、部件多的情况；分析与本软件有接口关系的其他软件需求文档，核对是否存在其他软件明确的但在本软件中未提及的关联功能。

3) 针对功能需求的规格要素进行分析，确定除功能测试外的其他测试类型

- 对前置和后置条件进行分析，确定开展状态边界测试；
- 对数据约束进行分析，确定开展数据边界测试；
- 对业务规则进行分析，确定开展功能边界测试；
- 对功能涉及的数据处理算法进行分析，确定开展数据处理测试；
- 对多界面流转等要求进行分析，确定开展人机交互界面测试；
- 对功能涉及的性能要求进行分析，确定开展性能测试；
- 对功能涉及的性能要求进行分析，确定是否需要开展余量测试等；
- 对功能涉及的输入/输出数据进行分析，确定开展接口测试；
- 对功能涉及的安全性要求进行分析，确定开展安全性测试。

4) 针对质量因素进行分析，确定测试项和测试类型

针对质量因素中描述的各项需求，确定测试项和测试类型；即(一条)质量因素需求——(一项)测试项——(一个)测试类型。

通常，通过质量因素需求确定的测试类型可能包括：可靠性测试、恢复性测试、安全性测试、安装性测试、兼容性测试、容量测试、强度测试等。

5) 针对设计约束进行分析，确定测试项和测试类型

针对设计约束中描述的各项需求，确定测试项和测试类型；即(一条)设计约束——(一项)测试项——(一个)测试类型。

通常，通过设计约束需求确定的可能测试类型包括：兼容性测试、安全性测试、互操作性测试、标准符合性测试等。

3.6 确定测试点

3.6.1 概述

测试点主要是指功能测试对应的测试项下的测试点。它是指软件需要应对的情况，即通过对这些情况的测试，证明软件能够正确实现它应该做的事情。

1. 常见错误

关于测试点，常见的两种错误如下。

1) *完全没有分析，照抄软件需求*

照抄软件需求，在软件需求前加上“测试”二字，充当测试需求分析内容。

在测评大纲文档中经常出现“测试某功能正确性”这种测试点。这种错误的测试点表明测试需求分析人员完全没有进行软件测试需求分析。“测试某功能正确性”是一句正确而无用的废话，因为对应的功能测试项存在的目的就是测试软件实现该功能的正确性。真正的测试点是指需要通过对哪些点/情况进行测试才能证明软件正确实现该功能。

2) *缺乏逻辑的分析，直接写出测试用例*

在测评大纲中经常出现简化的测试用例，这种错误导致测试用例成为“无源之水”，使得这些测试用例存在的理由以及这些测试用例是否能够充分验证软件需求等重要信息缺乏出处。

2. 分析要点

测试点是针对软件的一个功能，分析每种输入数据或每种输出数据所对应的情况。需要基于所分析得到的情况，验证软件是否正确实现了需求。可见，针对一个功能需求，只通过一个点(一种输入、输出情况)是不能充分证明软件实现的正确性的。

例如对上电自检功能测试，应该从以下内容开展分析。

(1) 软件自检对象是谁(who)？

(2) 软件自检内容是什么(what)？

(3) 软件自检故障判定原则是什么(how)？

分析测试点的要点如下。

- 测试点是要分析出通过哪些点/情况能够证明软件正确干了应该干的事情。
- 测试点就是需要足够多(种/类)的输入数据来证明软件正确干了应该干的事情。

分析测试点应避免出现以下错误。

(1) 测试点写成软件干了什么或验证软件干了什么。

软件干什么或应该干什么是软件需求分析的内容，不是测试需求分析的内容。

测试需求分析是针对软件需求分析已明确的软件职责(软件应该干什么)，分析出如何证明软件正确实现了分配给它的职责，即如何证明软件正确干了应该干的事情。“如何证明”包括两个要素：测试点和测试方法。

(2) 测试点写成了测试用例。

测试点是指导测试用例设计的依据，设计多少个测试用例以及设计什么测试用例都是由测试点决定的。

直接将测试点写成测试用例的主要原因是没有深入开展测试需求分析，没有从输入数据如何影响输出数据上进行深度分析。

测试人员纠正错误的一个方法是反问自己“这个测试用例是想通过测试哪个点(或哪种情况)来证明软件正确性”。这样反问的结果有可能发现自己写的全部测试用例都是在同一个点上证明软件正确性，也就是说所有的测试用例只支撑了一个测试点；这时，就会凸显出测试点不够充分的缺陷。

因此，在测试需求分析阶段出现大量测试用例容易导致测试不充分；而且这样的测试需求分析结果是难以评审的，会给参与正式评审的专家造成困扰。

3. 测试点分类

测试点的主要来源是软件的用例规格，有且不止有以下四类测试点：流程类、数据类、规则类、组合类。软件用例规格的 8 个主要要素和四类测试点的关系见表 3-5。

表 3-5　用例规格要素和测试点的关系

用例规格要素	用途	测试点类型
用例名称和标识	用例命名	——
用例简述	简述该用例的用途	——
参与者	包括用例的主执行者和辅助执行者	——
前置条件	用例执行前软件满足的状态	流程类——需要考虑的异常情况
后置条件	用例执行后软件达到的状态	流程类——需要验证的结果
基本流程	为实现这个用例的目标(价值)，软件与外部交互的过程	流程类
扩展流程	在基本流程中，软件需要处理的意外和分支	流程类
规则与约束	(流程中出现的)数据约束	数据类
	该用例需要遵循的业务规则	规则类 组合类
	性能要求等	——

3.6.2 流程类测试点

流程类测试点是基于软件用例规格中的基本流程和扩展流程进行分析。

流程是指软件为完成被分配的一项功能(职责)而和外部系统(其他软件、硬件或人)交互的过程。

基本流程是指软件能够正常完成功能、达成用例目标的过程。基本流程代表了软件用例的核心价值。

扩展流程是指在基本流程中与外部系统交互出现特殊情况时，软件需要特殊处理的过程。需要注意的是，扩展流程可能导致软件用例的结束点不同。

软件用例的基本流程和扩展流程的示意图见图 3-9。

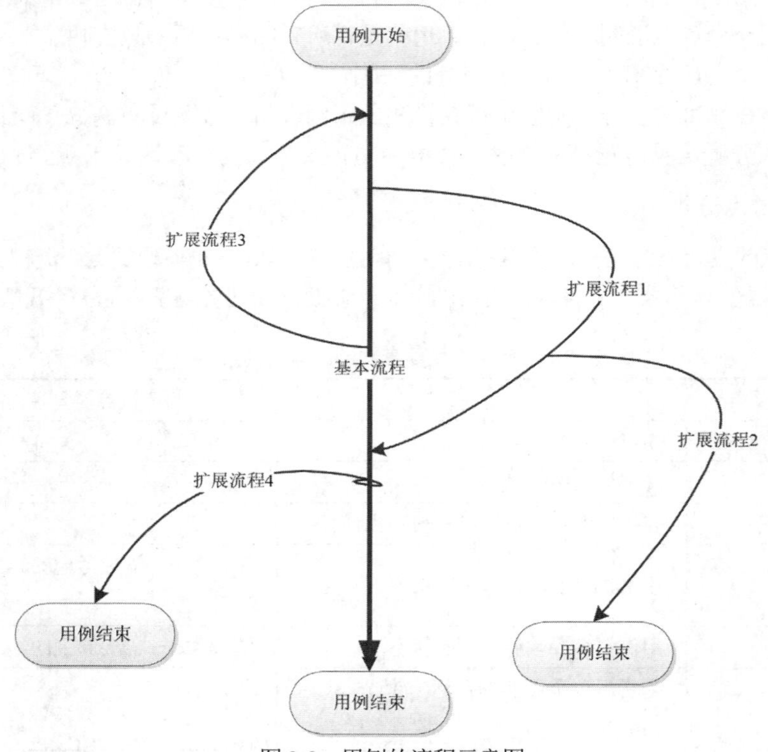

图 3-9 用例的流程示意图

示例 1：使用用户名和密码登录。

对基本流程和扩展流程考虑以下测试点。

(1) 一次登录成功——基本流程。

(2) 在要求的次数内登录成功——扩展流程 1。

(3) 在要求的次数内登录失败——扩展流程 2。

示例2：ATM系统的取款用例。用例规格见表3-6。

对基本流程和扩展流程考虑以下测试点。

(1) 取款成功——基本流程。

(2) 银行卡无效，取款失败——扩展流程1。

(3) 密码错误，取款失败——扩展流程2。

(4) 取款金额不是100的整数倍，取款失败——扩展流程3。

(5) 卡内余额不足，取款失败——扩展流程4。

(6) ATM设备现金不足，取款失败——扩展流程5。

(7) 出钞失败，取款失败——扩展流程6。

(8) 钞票超时未被取走，取款失败——扩展流程7。

(9) 储户选择退出，取款失败——扩展流程8。

ATM系统的取款用例规格表见表3-6。

表3-6　ATM系统的取款用例规格表

用例名称	取款	**项目唯一标识符**	UC-ATM-001
研制要求章节	——		
简要描述	储户使用银行卡，可通过ATM设备提取现金		
参与者	主执行者：储户 辅执行者：银行后台系统		
前置条件	ATM设备处于准备就绪状态：吐钞口关闭，与银行后台系统连接正常		
	步骤	**描述**	
主流程	1	储户插入银行卡，ATM设备从银行卡磁条读取账户信息，验证银行卡合法性	
	2	储户输入密码，ATM设备要求银行后台系统验证账户和密码正确性	
	3	储户提交取款金额，ATM设备检查取款金额有效性	
	4	ATM设备要求银行后台系统验证账户、取款金额有效性	
	5	ATM设备检查预留现金是否支持取款金额	
	6	ATM设备打开出钞口，出钞，提示取钞	
	7	ATM设备实时检查钞票出钞状态(是否被取走)。钞票被取走后，关闭出钞口	
	8	ATM设备要求银行后台更新账户信息，记录日志	
	9	ATM设备提示储户是否继续取款	
	10	循环步骤2～9	

(续表)

	步骤	描述
扩展流程 1	1a	银行卡无效
	1a1	ATM 设备提示无效银行卡，退出卡片；用例结束
扩展流程 2	2a	密码错误
	2a1	ATM 设备提示密码输入错误次数
	2a1-a	达到最大次数
	2a1-a1	ATM 设备提示密码输入次数达到最大次数，吞卡；用例结束
	2a2	回到主流程 2
扩展流程 3	3a	取款金额不是 100 的整数倍
	3a1	ATM 设备提示取款金额不是 100 整数倍
	3a2	回到主流程 3
	3b	单笔取款金额超限
	3b1	ATM 设备提示单笔取款金额超限
	3b2	回到主流程 3
扩展流程 4	4a	卡内余额不足
	4a1	ATM 设备提示卡内余额不足
	4a2	回到主流程 3
	4b	达到每日最大取款限额
	4b1	ATM 设备提示达到每日最大取款限额，退出卡片；用例结束
扩展流程 5	5a	ATM 设备现金不足
	5a1	ATM 设备提示现金不足
	5a2	回到主流程 3
扩展流程 6	6a	出钞失败
	6a1	ATM 设备提示设备故障，退出卡片
	6a2	ATM 设备记录故障信息，用例结束
扩展流程 7	7a	钞票超时未被取走
	7a1	ATM 设备关闭出钞口，提示取款失败，退出卡片
	7a2	ATM 设备记录取款失败信息，用例结束
扩展流程 8	8a	储户选择退出
	8a1	ATM 设备退出卡片，用例结束
后置条件	ATM 设备恢复到就绪状态	

(续表)

	步骤	描述
规则与约束	● 密码为 6 位数字 ● 密码输入错误 5 次，ATM 设备吞卡； ● 每笔取款金额最多 5000 元 ● 每日最多取款金额 20 000 元 ● 与银行后台系统交互的数据 ◆ 主流程第 2 步，账户+密码 ◆ 主流程第 4 步，账户+取款金额 ◆ 主流程第 8 步，取款成功+账户+取款金额	

综上，对用例规格中出现至少一个扩展流程的情况(即该用例执行时有多条执行路径)，每一条执行路径对软件而言就是一个判定节点。如果有 n 个判定节点，就应该有 n+1 条路径，包括 1 个基本流程和 n 个扩展流程。

3.6.3 数据类测试点

当软件用例规格的“规则与约束”中存在数据约束时，即该用例的输入和输出数据存在数据约束时，如取值范围约束、数据关系约束等，需要考虑数据类测试点。

数据类测试点是测试人员最容易想到的测试点。对有数据范围约束的数据，通常考虑有效值和无效值；对枚举型数据，通常考虑全部定义值。

对数据类测试点，测试需求分析时容易遗漏以下两点。

(1) 针对输出数据的约束要求进行测试需求分析。

(2) 针对输入数据之间的约束关系进行测试需求分析。

示例：登录用例规格的“规则与约束”中有如下两个要求。

- 用户名长度为 12 个字符，只支持字母和数字。
- 密码长度为 8～12 个字符，只支持字母和数字。

对输入数据考虑以下测试点。

一次登录成功——基本流程。

① 用户名取有效值，覆盖长度、字母、数字等。

② 密码取有效值，覆盖长度、字母、数字等。

3.6.4 规则类测试点

当软件用例规格的“规则与约束”中存在业务规则和处理逻辑时，需要考虑规则类测试点。

示例 1：ATM 机的取款用例规格的“规则与约束”中有如下内容。
- 密码输入错误 5 次，ATM 设备吞卡——处理逻辑。
- 每笔取款金额最多 5000 元——业务规则 1。
- 每日最多取款金额 20 000 元——业务规则 2。

针对上述业务规则，考虑的测试点如下。

(1) 密码错误，取款失败——扩展流程 2。

① 密码输入连续错误 5 次。

② 密码输入错误 $n(n<5)$次后，重新插卡后连续输入错误 $5-n$ 次。

(2) 取款失败。

① 单笔取款金额超过 5000 元。

② 当日取款金额超过 10 000 元。

示例 2：登录用例规格中的“规则与约束”为：用户名和密码必须匹配正确。

针对上述业务规则，考虑的测试点如下。

(1) 登录成功。

用户名和密码正确匹配。

(2) 登录失败。

① 用户名正确，密码错误。

② 用户名空，密码正确。

③ 用户名和密码均存在，但不匹配。

④ 使用被注销的用户名登录。

3.6.5 组合类测试点

这是指需要对输入参数或软件的某些特性进行“组合测试”的情况。

例如，需要对下述输入控件状态进行两两组合测试。

测试的控件有 3 个：姓名、身份证号、手机号；也就是要考虑 3 个因素，而每个因素里的状态有两个：填与不填。

又如，对两个班级，可通过“性别”“班级”和“成绩”这 3 个条件组合查询某门课成绩：性别{男，女}；班级{1 班，2 班}；成绩{及格，不及格}。

习题

1. 简述开展测试需求的方法。
2. 简述测试项包含的要素。
3. 简述如何分析确定测试项的充分性要求。
4. 简述测试项、测试类型、测试点、测试方法的关系。
5. 简述测试点分为几类及每类的特点。

第4章 测评大纲主要内容

4.1 概述

测评大纲是测试需求分析与策划活动输出的工作产品。测评大纲的主要内容包括如下。

- 被测件概述；
- 测试内容和方法；
- 测试策略；
- 测试环境；
- 测试风险。

从测评大纲审查者的角度看，上述五部分内容存在如图4-1所示的依赖关系。

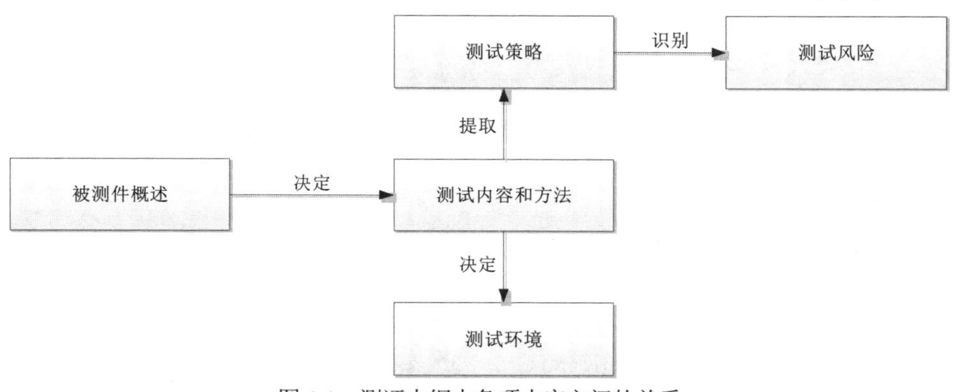

图4-1 测评大纲中各项内容之间的关系

1）“被测件概述”决定了“测试内容和方法”

从被测件概述的内容可以直接判断识别的测试项的正确性，无须依赖软件需求规格说明。

2) “测试内容和方法”决定了“测试环境”

确定测试环境的依据是“测试内容和方法”章节中的所有测试项的测试方法；即测试环境来源于测试项的测试方法，测试环境是所有测试项下描述的测试方法的归纳总结。

3) “测试策略”从“测试内容和方法”中提取

在测试需求分析活动开展过程中，通过对测试内容的分析确定测试策略。其中一类测试策略是对关键测试项进行分析，确定与该测试项相关的测试解决方案，而该测试解决方案不属于测试内容章节应描述的内容，此时将这些解决方案提炼成测试策略。

4) 从“测试策略”中识别“测试风险”

测试策略是对测试面临的一些重要问题给出测试解决方案，而在这些问题的解决方案中，可能存在需要识别的测试风险。

4.2 被测件概述

被测件概述是衡量测试人员对被测件理解程度的重要内容。

被测件概述主要描述被测件的测试范围、被测系统组成、功能、性能、接口等内容。

被测件概述的主要内容之间的关系见图 4-2。

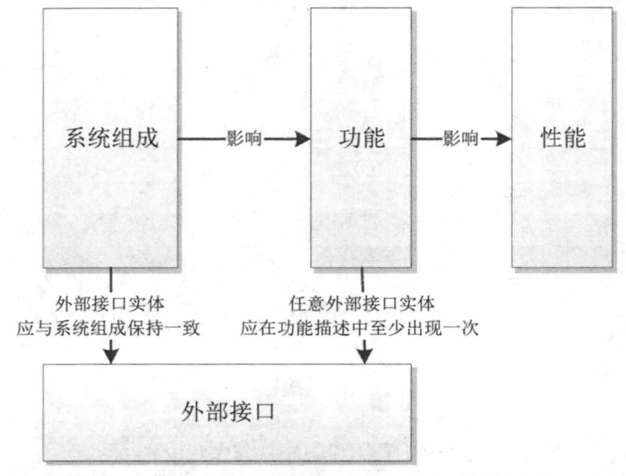

图 4-2　被测件概述的主要内容之间的关系

1) 系统组成

被测系统组成需要明确被测系统的各个部件(软件配置项和硬件配置项)之间的

关系；这个关系来自系统的设计说明中所明确的系统体系结构，通常用图的方式说明物理连接关系，用表的方式说明软件配置项所部署运行的物理位置。

被测系统组成关系直接决定了软件外部接口，因此对软件外部接口的相关描述一定要与系统组成关系保持一致。

被测系统组成关系同时也决定了软件功能，每个功能描述应明晰该功能的相关执行者(外部接口实体)。

2) 功能与外部接口的关系

如果在所有的功能描述中，未出现软件的某个外部接口实体(其他软件配置项或硬件配置项)，测试需求分析人员应该开具文档问题报告单，提出质疑。这种问题的原因可能如下：一是勘误性的错误，系统组成关系描述错误；二是一般性问题，功能描述不准确，存在遗漏与外部交互的情况；三是严重问题，遗漏与该外部接口实体相关的功能需求。

同理，如果在外部接口中未出现功能描述中提及的某个执行者，测试需求分析人员应该开具文档问题报告单，提出质疑。这种问题的原因可能如下：一是一般性错误，外部接口关系描述错误；二是严重性问题，功能描述不正确，与外部交互的接口实体错误。

3) 功能与性能的关系

功能影响性能是指性能要求必须依赖相应的功能。软件需求规格说明文档中经常出现以下两种错误：描述的某项性能指标找不到与之匹配的功能要求或者将系统性能要求描述为某个软件配置项的性能指标。如果测试需求分析人员不加分析，直接照抄照搬，则反映出测试需求分析人员对软件功能的理解并不到位。

被测件概述的主要内容描述正确、准确、完备是决定测试项是否正确、完备的关键，是衡量测试需求分析是否有效的关键要素。因此，测试需求分析人员不要忽视测评大纲中的这部分内容，要杜绝无视软件需求规格说明正确与否，直接照抄原文的情况；一定要在深刻理解并对软件需求规格说明做出评判、完成文档审查的基础上，总结形成测评大纲中的这部分内容。

4.3 测试内容

4.3.1 测试项要素

测试项是测试内容的主要内容。构成测试项的主要要素包括如下。

- 测试项名/标识；
- 测试项描述；

- 测试需求；
- 测试项的终止条件；
- 测试项所包含的测试子项/测试类型、标识；
- 测试子项的测试方法；
- 测试子项的测试充分性要求(测试点)。

测试项、测试子项/测试类型、测试点、测试用例之间的关系见图 4-3。

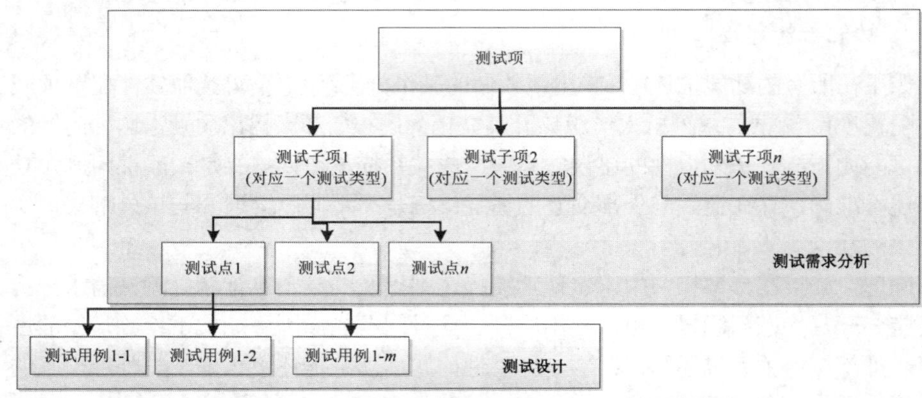

图 4-3　测试项、测试子项/类型、测试点、测试用例的关系

一个测试项对应一个 CSCI 用例。CSCI 用例规格与测试项的关系见表 4-1。

表 4-1　CSCI 用例规格和测试项的关系

用例的规格要素	用途	对应测试项要素	用途
用例名称和标识	用例命名	测试项名称	测试项命名(建议与用例名称一致)
用例简述	简述该用例的用途	测试项描述	简述该测试项内容(建议与用例简述一致)
参与者	用例的主执行者和辅执行者	测试方法	确定用什么方法构建/模拟主执行者和辅执行者
前置条件	用例执行前软件满足的状态	测试需求	该测试项执行前，软件应满足的状态
后置条件	用例执行后软件达到的状态	测试需求	测试点的预期结果
基本流程	为实现这个用例的目标(价值)，软件与外部交互的过程	测试需求	识别功能测试子项和测试点
扩展流程	在基本流程中，软件需要处理的意外和分支	测试需求	

(续表)

用例的规格要素	用途	对应测试项要素	用途
规则与约束	输入、输出数据约束	测试需求	识别测试点
	该用例需要遵循的业务规则	测试需求	● 从规则中识别功能测试子项 ● 识别为对应功能测试子项下的测试点
	性能要求等	测试需求	识别测试子项：性能测试

4.3.2　测试项组织方式

目前，在测评大纲的测试内容表现形式上，存在两种组织方式：一种是强调测试类型，以测试类型为主线组织测试内容；另一种是强调测试项，以软件需求为主线组织测试内容。两种方式分别见图 4-4 和图 4-5。

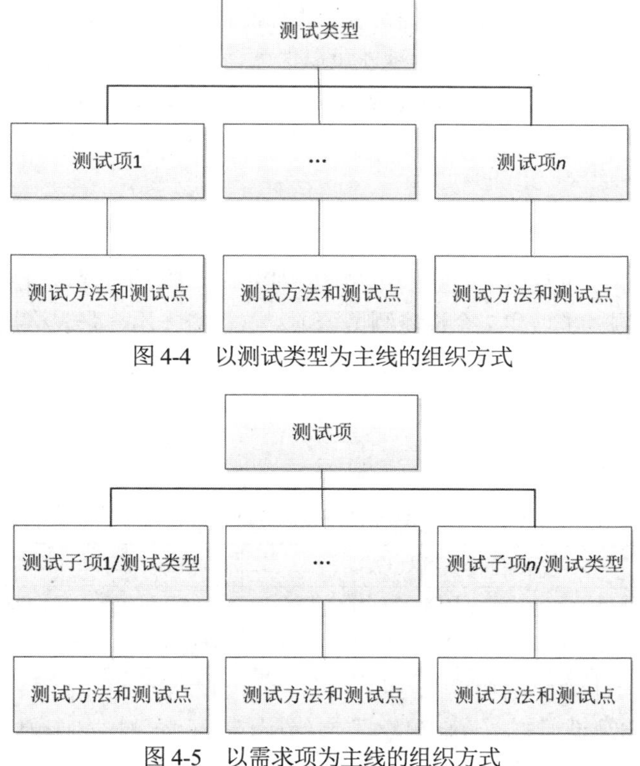

图 4-4　以测试类型为主线的组织方式

图 4-5　以需求项为主线的组织方式

下面以一个示例说明这两种组织方式的利弊。

> CSCI 用例：探测目标数据处理。
>
> CSCI 用例简述：软件接收探测器周期上报的目标数据(位置、速度)，编号后进行威胁度计算，并判断是否在可攻击区域内，最后显示原始目标信息、编号、威胁度和是否在可攻击区。
>
> CSCI 用例规约其他要素省略。

通过测试需求分析，从 CSCI 用例的“基本流程”中识别出 5 个功能测试子项。

(1) 目标原始数据显示；

(2) 对目标编号；

(3) 威胁度计算；

(4) 攻击区判断；

(5) 探测目标处理。

从 CSCI 用例的“规则与约束”中识别出 2 个性能测试子项。

(1) 目标处理数量；

(2) 攻击区判断性能。

也就是说，要充分证明软件正确实现了“探测目标数据处理”功能，需要用 5 个功能测试子项和 2 个性能测试子项才可以保证该测试项的第一层充分性要求(测试项的广度)。第二层测试充分性要求(测试项的深度)是由这些测试子项下的测试点决定的。

下文说明两种组织方式的利弊。

1. 以需求项为主线组织

在这种方式下，可从这个 CSCI 用例中识别出一个测试项(探测目标数据处理)。它包含 5 个功能测试子项和 2 个性能测试子项，这里统一用一张表格描述该测试项要素，见表 4-2。

X 测试内容

X.1.1 探测目标数据处理

表 4-2 “探测目标数据处理”测试项

测试项名称	探测目标数据处理	测试项标识	001
测试项描述	软件接收探测器周期上报的目标数据(位置、速度)，编号后进行威胁度计算，并判断是否在可攻击区域内，输出显示原始目标信息、编号、威胁度、是否在可攻击区		
测试需求	(1) 目标原始数据的数据约束 (2) 目标编号的方法(业务规则)。包括编号范围；如何根据目标原始数据判断是否		

(续表)

测试项名称	探测目标数据处理	测试项标识	001
测试需求	为同一个目标，避免对同一个目标多次编号；一个目标暂时消失后再次出现，按原编号还是新分配编号；如何判断一个目标消失等 (3) 威胁度计算方法。包括威胁度范围；如何根据目标原始数据计算威胁度；对于高威胁度的目标，软件如何处置等 (4) 攻击区判断方法。包括如何根据目标原始数据计算是否进入攻击区；对于进入攻击区的目标，软件如何处置等 (5) 探测目标处理流程。包括 CSCI 用例的基本流程和扩展流程 a) 新目标编号——威胁度计算最高/最低——攻击区判断在内/外 b) 老目标编号——威胁度计算不变/变化——攻击区判断变化/不变 c) 新目标编号失败 d) 新目标编号——威胁度计算失败 e) 新目标编号——威胁度计算——攻击区判断失败 (6) 显示要求。包括列表显示要求、地图显示要求等 (7) 性能要求。最多能够同时处理 *K* 批目标；最多能够同时计算 *N* 批目标与 *M* 个攻击区的位置关系		
测试项终止条件	● 正常终止条件：该测试项的功能测试用例数量应达到千行代码 20 个，语句、分支覆盖率应达到 100% ● 异常终止条件：GN-001-001 测试子项测试不通过		
功能测试	目标原始数据显示(GN-001-001) 针对测试需求(1)识别测试点		
功能测试	对目标编号(GN-001-002) 针对测试需求(2)识别测试点		
功能测试	威胁度计算(GN-001-003) 针对测试需求(3)识别测试点		
功能测试	攻击区判断(GN-001-004) 针对测试需求(4)识别测试点		
功能测试	探测目标处理(GN-001-005) 针对测试需求(5)识别测试点		
性能测试	目标处理数量(XN-001-001) ● 测试场景综合考虑前 5 个功能测试子项的测试点，设计软件走最大、最耗时路径情况 ● 预期结果需要包括所有显示内容正确、无卡顿现象		

(续表)

测试项名称	探测目标数据处理	测试项标识	001
性能测试	攻击区判断性能(XN-001-002) ● 测试场景综合考虑前 5 个功能测试子项的测试点，设计软件走最大、最耗时路径情况 ● 预期结果需要包括所有显示内容正确、无卡顿现象		

从上表可见，一个测试项对应一个需求项，但在一个测试项下，需要从功能的规格要素说明中继续分析得到各个测试子项/测试类型。

(1) 前 4 个功能测试子项是从 CSCI 用例的“基本流程”中包含的子功能识别出来的。

(2) 第 5 个功能测试子项是对 CSCI 用例的“基本流程”和“扩展流程”构成的处理逻辑进行测试。

同样，可以从软件设计的角度分析第 5 个功能测试子项。假设软件设计了 4 个函数，分别对应 4 个子功能的实现。

(1) fun1()——目标原始数据显示；

(2) fun2()——对目标编号；

(3) fun3()——威胁度计算；

(4) fun4()——攻击区判断。

那么，前 4 个测试子项主要分别覆盖了这 4 个函数的内部处理流程，只要在每个测试子项下识别出足够的测试点，就能够保证语句、路径或条件等测试覆盖率的充分性。

但是，为实现这个 CSCI 用例，软件设计还需要至少一个函数 fun5()；该函数负责根据各种原始输入情况控制调用前 4 个函数，确保 CSCI 用例能够按照“基本流程”和“扩展流程”的规定执行。因此，对这第 5 个函数的控制流程也需要测试。

这种以需求项为主线的组织方式，其最大的好处是能够培养测试需求分析人员全面的、严谨的思考逻辑；既不会割裂功能测试子项之间的关系，更不会割裂性能测试与功能测试之间的关系。

其次，这种组织方式与软件需求分析的思考逻辑一脉相承，将一个需求项的所有相关的逻辑关系组织在一起展现，便于软件测试需求分析人员深度思考，容易发现遗漏的测试子项和测试点。

最后，这种组织方式存在的弊端是在目录结构上不能清晰展现测试类型，如图 4-6 所示。

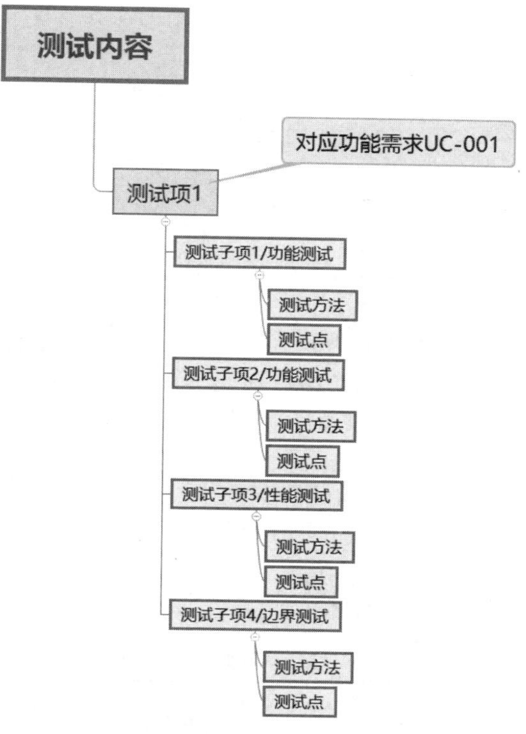

图 4-6　以需求项为主线的组织方式示例

2. 以测试类型为主线组织

在这种方式下，从这个 CSCI 用例中识别出的 5 个功能测试项和 2 个性能测试项需要用 7 张表格分别描述。

7 张表格的目录组织如下。

X 测试内容

X.1 功能测试

X.1.1 探测目标数据处理

X.1.1.1 目标原始数据显示

X.1.1.2 对目标编号

X.1.1.3 威胁度计算

X.1.1.4 攻击区判断

X.1.1.5 探测目标处理

X.2 性能测试

X.2.1 目标处理数量

X.2.2 攻击区判断性能

7 张表格如下。

X.1 功能测试

X.1.1 探测目标数据处理

X.1.1.1 目标原始数据显示

"目标原始数据显示"测试项见表 4-3。

表 4-3 "目标原始数据显示"测试项

测试项名称	目标原始数据显示	测试项标识	GN-001
测试项描述	软件接收探测器周期上报的目标数据(位置、速度)，显示原始目标信息		
测试需求	(1) 目标原始数据的数据约束 (2) 显示要求。包括列表显示要求，地图显示要求等		
测试项终止条件	——		
测试充分性	针对测试需求(1)识别测试点		

X.1.1.2 对目标编号

"对目标编号"测试项见表 4-4。

表 4-4 "对目标编号"测试项

测试项名称	对目标编号	测试项标识	GN-002
测试项描述	软件接收探测器周期上报的目标数据(位置、速度)，进行编号并显示		
测试需求	(1) 目标原始数据的数据约束 (2) 目标编号的方法(业务规则)。包括编号范围；如何根据目标原始数据判断是否为同一个目标，避免对同一个目标多次编号；一个目标暂时消失后再次出现，按原编号还是新分配编号；如何判断一个目标消失等 (3) 显示要求。包括列表显示要求、地图显示要求等		
测试项终止条件	——		
测试充分性	针对测试需求(2)识别测试点		

X.1.1.3 威胁度计算

"威胁度计算"测试项见表 4-5。

表 4-5 "威胁度计算"测试项

测试项名称	威胁度计算	测试项标识	GN-003
测试项描述	软件接收探测器周期上报的目标数据(位置、速度)，编号后进行威胁度计算，并显示原始目标信息、编号、威胁度		

(续表)

测试项名称	威胁度计算	测试项标识	GN-003
测试需求	(1) 目标原始数据的数据约束 (2) 威胁度计算方法。包括威胁度范围；如何根据目标原始数据计算威胁度；对于高威胁度的目标，软件如何处置等 (3) 显示要求。包括列表显示要求、地图显示要求等		
测试项终止条件	——		
测试充分性	针对测试需求(3)识别测试点		

X.1.1.4 攻击区判断

"攻击区判断"测试项见表 4-6。

表 4-6　"攻击区判断"测试项

测试项名称	攻击区判断	测试项标识	GN-004
测试项描述	软件接收探测器周期上报的目标数据(位置、速度)，编号后进行威胁度计算，并判断是否在可攻击区域内，最后显示原始目标信息、编号、威胁度、是否在可攻击区		
测试需求	(1) 目标原始数据的数据约束 (2) 攻击区判断方法。包括如何根据目标原始数据计算是否进入攻击区；对于进入攻击区的目标，软件如何处置等 (3) 显示要求。包括列表显示要求、地图显示要求等		
测试项终止条件	——		
测试充分性	针对测试需求(4)识别测试点		

X.1.1.5 探测目标处理

"探测目标处理"测试项见表 4-7。

表 4-7　"探测目标处理"测试项

测试项名称	探测目标处理	测试项标识	GN-005
测试项描述	软件接收探测器周期上报的目标数据(位置、速度)，编号后进行威胁度计算，并判断是否在可攻击区域内，最后显示原始目标信息、编号、威胁度、是否在可攻击区		
测试需求	(1) 目标原始数据的数据约束 (2) 探测目标处理流程。包括 CSCI 用例的基本流程和扩展流程 a) 新目标编号——威胁度计算最高/最低——攻击区判断在内/外 b) 老目标编号——威胁度计算不变/变化——攻击区判断变化/不变 c) 新目标编号失败		

(续表)

测试项名称	探测目标处理	测试项标识	GN-005
测试需求	d) 新目标编号——威胁度计算失败 e) 新目标编号——威胁度计算——攻击区判断失败		
测试项终止条件	——		
测试充分性	针对测试需求(5)识别测试点		

X.2 性能测试

X.2.1 目标处理数量

“目标处理数量”测试项见表 4-8。

表 4-8 “目标处理数量”测试项

测试项名称	目标处理数量	测试项标识	XN-001
测试项描述	最多能够同时处理 K 批目标		
测试需求	无		
测试项终止条件	——		
测试充分性	测试场景和预期结果要综合考虑 X.1.1.1～X.1.1.5 测试项的内容		

X.2.2 攻击区判断性能

“攻击区判断性能”测试项见表 4-9。

表 4-9 “攻击区判断性能”测试项

测试项名称	攻击区判断性能	测试项标识	XN-002
测试项描述	最多能够同时计算 N 批目标与 M 个攻击区的位置关系		
测试需求	无		
测试项终止条件	——		
测试充分性	测试场景和预期结果要综合考虑 X.1.1.1～X.1.1.5 测试项的内容		

这种以测试类型为主线的组织方式的弊端非常明显，它分裂了一个 CSCI 用例规格的要素内容，使得一个 CSCI 用例对应的一个完整测试项被人为分割描述；不仅割裂了功能测试子项之间的关系，而且也割裂了性能测试与功能测试之间的关系。

这种组织方式将一个 CSCI 用例(一个测试项)识别出的多个测试子项(多个测试类型)分别进行描述，分割了所有相关的逻辑关系，将不便于软件测试需求分析人员深度思考，而且也容易遗漏测试内容。

例如第 5 个功能测试子项，很多测试需求分析人员都容易遗漏，不能正确识别出来。因为前 4 个功能测试子项已经覆盖了 CSCI 用例的主要功能，所以很容易使得测试需求分析人员遗漏整个 CSCI 用例执行的控制流程测试。

这种以测试类型为主线的组织方式的最大好处是在目录结构上容易展现测试类型，如图 4-7 所示。

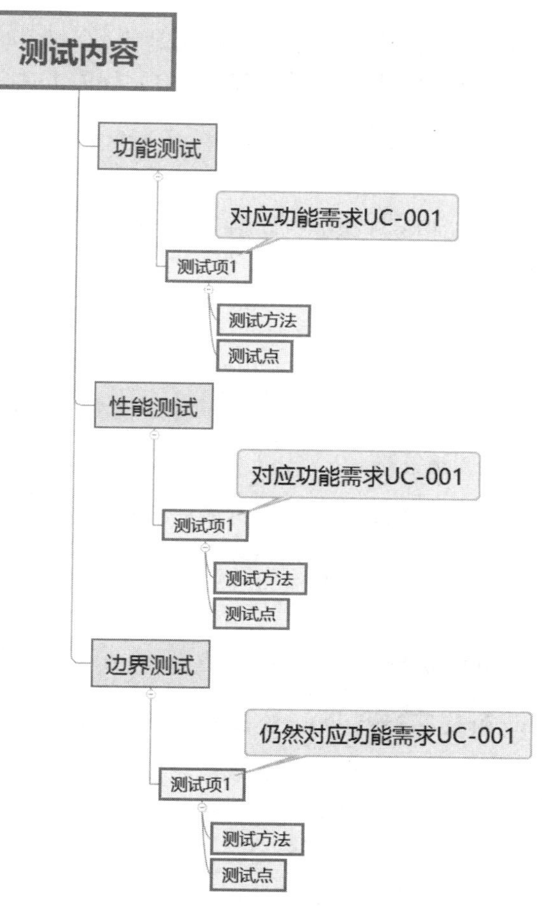

图 4-7　以测试类型为主线的组织方式示例

4.4 测试策略

测试策略是对识别出的重要问题给出的测试解决方案。测试策略不仅是面向测试人员的，更重要的是面向委托方的，它是给予委托方信心的重要信息。

测试策略是指导测试设计、测试执行的方案，分为测试总体策略和具体软件的测试策略。

4.4.1 总体测试策略

1) 多软件情况下，确定软件测试的优先级

确定先测试哪个软件和后测试哪个，以及原因是什么。

确定测试优先级的基本原则是软件关键等级越高，优先级越高；在相同的关键等级下，新研软件比改进的优先级高。

2) 测试环境选取策略

当测试环境对支撑性能指标测试存在问题时，需要分析环境中选用设备的数量、原因以及对测试结果的影响。

3) 对摸底性测试的测试策略

当委托方没有提出明确要求时，可以识别是否需要开展摸底性测试，分析阐明摸底性测试的内容、原因等，以此向委托方证明摸底性测试的必要性。

4) 基于用户应用的测试策略

当委托方没有提出明确要求时，可以根据测评机构的经验，在超出软件需求规格说明之外，分析阐明基于用户应用的测试项的内容、原因等，以此向委托方证明用户应用测试内容的必要性。

4.4.2 具体软件的测试策略

1) 识别关键测试项(最多 3～5 个)，给出测试解决方案

此时，测试策略可以类比 CSCI 级设计决策。CSCI 级设计决策是针对识别的关键 CSCI 需求项，给出设计解决方案；而测试策略是针对识别的关键测试项，给出测试解决方案。

这样做是必需的，最大的好处是训练测试需求分析人员发现关键问题的能力，同时对关键问题给出的解决方案的合理性、有效性是整个测试工作开展的基石，是给予测试委托方信心的重要信息。

例如，对于无人机飞控软件，应识别出关键(功能)测试项：舵机控制。要分析该项功能的规格要求、实现原理等，给出测试解决方案、包括测试方法、测试需要考虑的测试点等；分析这些测试点的充分性(如这些测试点对源代码的覆盖率)，加上对可能出现的设计缺陷的考虑，以及对这项功能涉及的安全性、恢复性等重要因素的测试考虑等。

关键测试项除了考虑功能外，同样需要识别关键的性能、安全等测试项。对于关键的性能测试项，需要分析影响这条性能指标的主要因素。针对这些影响因素，需要设计测试场景，并思考这些测试场景如何保证能够测试到软件运行在“最坏”

情况下。

2) 分析特定测试方法的有效性

此时，测试策略主要对某些特定(非常规或新型)测试方法有效性开展分析；主要分析选取原因、对测试结果的影响等。

从此类测试策略中，可以同时分析出测试的技术性风险。

3) 对关联功能的测试分析

软件的复杂性主要体现在两方面：一是功能之间存在依赖关系；二是功能内部实现逻辑自身的复杂性。

因此，测试需求分析人员应该对功能之间的依赖关系进行分析，并对每种依赖关系给出测试解决方案。

表 4-10 给出了一个功能依赖关系示例。

表 4-10　功能之间关系一览表示例

功能名称	功能 1	功能 2	功能 3	…	功能 n
功能 1		此处说明功能 1 和功能 2 之间通过什么数据发生关系			
功能 2					
….					
功能 n					

4) 多个软件配置项集成测试的原因

由于软件配置项的划分没有完全统一的标准，而 GJB 2786A 中的定义也只是一个划分原则，因此很多研制团队在具体划分软件配置项时，采取最简单的方法，只考虑宿主机因素，完全不考虑软件功能，例如一个板卡上有多个 DSP、ARM 等芯片；一个芯片上的软件就是一个软件配置项。这样的软件配置项难以单独开展黑盒测试，需要集成后进行测试。

此时，测试策略应阐述多 CSCI 集成测试的原因，以及如何确保对每个 CSCI 测试的充分性。

5) 无法准确验证数据结果的测试策略

这是指需要识别出测试方法难以验证准确数据结果的测试项并给出可行的测试解决方案。

从这类测试策略可以识别出相应的技术风险。

6) 对改进软件的测试策略

需要分析改进软件的哪些特性是新开发的、哪些是从老版本上继承来的、哪些特性的改动比较大、从老版本继承而来的特性的历史测试情况，并针对各种情况制定相应的测试策略。改进软件的测试策略见表4-11。

表4-11　改进软件的测试策略

分类	说明	测试策略
全新特性	新的需求	按需求规格说明开展测试
原特性变化	功能需求变更，如性能提升、向使用者展示的内容变更等	针对变更需求开展全面测试 开展影响域分析：①分析变更需求对其他需求的影响；②分析变更需求对原设计的影响
	接口需求变更，如通信接口物理形态变更(串口换为网口等)	针对变更的接口对应的功能开展测试
原特性增强	需求不变、设计变更；软件重构(软件架构设计变更)，提升稳定性	开展影响域分析：分析变更设计对需求的影响
原特性无变化	无需求变更和设计变更	如果上述3种变化都没有影响此类特性，可以不测试

4.4.3　示例

某个大学的课程注册系统的UML用例图如图4-8所示。

测试策略分析过程如下。

从表面看，该软件功能简单，似乎就是对不同对象(教授、学生、课表、课程)的增删改查操作。如果顺着这个思路，测试重点就被集中在人机交互操作上；而真正的测试重点是4个实体类的关系以及实体类的状态转换。

4个实体类之间的关系如下。

(1) 一名教授可以教 *M* 门课程；

(2) 一门课程只能被一名教授授课；

(3) 一个学生可以有多个课表(历史课表)，但只有当前学期课表是有效的；

(4) 一个课表包含4门主修课、3门选修课和3门备选课；

(5) 一门课程至少有3个学生注册才能开课；

(6) 一门课程最多支持10个学生注册。

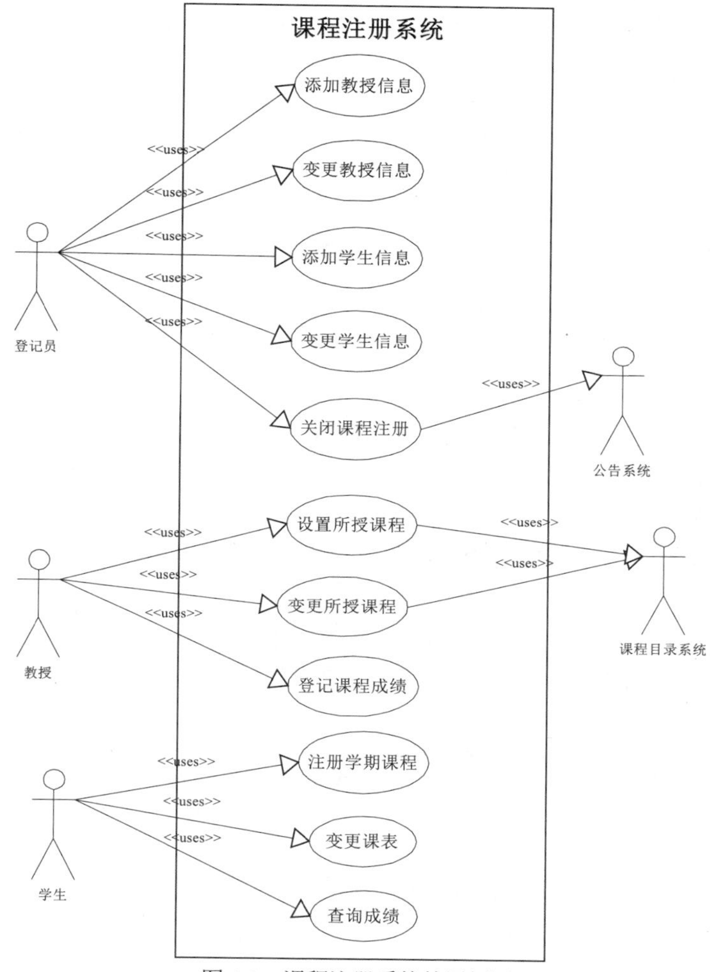

图 4-8　课程注册系统的用例图

实体类的状态转换涉及不同的用例，每个实体类的状态转换情况如下。

1) 教授状态

包括：授课、离职、非授课，默认状态为授课。

- 当登记员添加教授信息后，教授状态为授课；
- 当登记员变更教授信息后，教授状态变为非授课或离职。

2) 学生状态

包括：休学、毕业、在读、离校，默认状态为在读。

- 当登记员添加学生信息后，学生状态为在读+未注册课程；
- 当登记员变更学生信息后，学生状态变为休学、毕业或离校；

- 当学生注册学期课程后，学生状态变为在读+已注册课程。

3) 课程状态

包括：未开课、开课。

- 当教授设置所授课程后，相关课程状态为未开课；
- 当登记员关闭课程注册后，学生课表中相应课程的注册学生数加 1，当满足[3,10]个学生注册时，该课程状态变为开课；由此分析确定一个针对课程的状态转换边界测试项。

4) 课表状态

包括：未提交、提交。

- 当学生变更课表后，课表状态为未提交；
- 当学生注册学期课程后，且课表中包含的课程数量满足要求时，课表状态变为提交。

经过上述分析后，确定的上述实体类关系和实体类状态转换的测试项见表 4-12 和表 4-13。

表 4-12　实体类关系对应的测试项

实体类关系	测试项
一名教授可以教 *M* 门课程	选择所授课程
一门课程只能被一名教授授课	选择所授课程
一个学生可以有多个课表(历史课表)，但只有当前学期课表是有效的	修改课表
一个课表包含 4 门主修课、3 门选修课和 3 门备选课	修改课表、注册学期课程
一门课程至少有 3 个学生注册才能开课	关闭课程注册
一门课程最多支持 10 个学生注册	关闭课程注册

表 4-13　实体类状态转换对应的测试项

实体类状态	测试项
教授：授课——其他状态	增加教授信息、修改教授信息
学生：在读——其他状态	增加学生信息、修改学生信息
学生：在读+未注册课程——在读+已注册课程	修改课表、注册学期课程
课表：未提交——提交	修改课表、注册学期课程
课程：未开课——开课(满足开课条件)	选择所授课程、关闭课程注册
课程：未开课——未开课(不满足开课条件)	选择所授课程、关闭课程注册

4.5 测试环境

1. 测试环境的要素

测试环境是依据各个测试项的测试方法汇总而来的。测试环境的要素包括如下。

- 被测件；
- 测试工具；
- 陪测设备；
- 测量工具；
- 测试数据要求。

测试项的测试方法中明确了构造测试输入数据的方法以及验证输出数据的方法。这些方法中使用的测试工具、陪测设备、测量工具等就是构成测试环境的主要要素。

测评数据是指非人工交互界面输入和输出的、需要测试人员专门准备的测试输入数据或需要专门方法验证的测试输出数据。

大纲中需要对这些测试数据和数据产生方法提出要求(如种类、数量、尺寸等)，以便研发人员配合提供数据。

注意，这些数据是来自测试项的充分性分析，不是孤立存在的，更不是拍脑袋想出来的。测试输入数据是决定测试充分性的关键因素。

大纲中同样需要对某些输出数据的专门验证方法提出要求。

测试数据是指需要预先准备的且需要经过测试人员验证的数据，不是指具体某个测试用例中手动输入的数据。

测试数据要求来自各个测试点。在测试需求分析阶段，只需要针对测试数据提出规格类要求，不需要详细列出测试数据的内容。待到测试设计时明确数据具体内容，验证确认后，参加测试就绪评审。

测试数据的规格类要求包括：数据的种类、格式、数量、大小、包含的字段等。

2. 测试环境差异性分析

需要清楚的是，差异性是指测试环境与什么相比存在差异性；应该是与系统(软件)的需求规格的要求相比，具体比对内容包括：运行环境、测试数据。

1) 软件运行环境的配置差异

(1) 单设备配置差异。单设备的运行环境配置不同会对性能指标产生影响。如果硬件配置高于软件需求规格说明中要求的硬件环境，则测试得到的性能数据没有说服力。

(2) 设备配置数量差异。设备数量配置不同同样会对功能、性能等测试产生影响。

2) 测试输入数据与软件要求的数据的差异

(1) 数据内容的差异。有些测试需求分析人员认为数据差异性是指测试使用的模拟数据和真实使用环境中的数据存在的差异，这是概念性错误。如果使用真实环境产生的数据进行测试，往往是无法验证软件能力的。例如，对探测雷达而言，如果使用真实环境，动用飞机飞行进行软件测试，反而会因为测试输入数据的不确定性导致无法形成测试结论；既无法证明雷达发现目标就一定正确，也无法证明雷达没有发现目标就一定错误。

(2) 数据量的差异。对于软件能够处理的数据量，应该在软件需求规格说明中明确处理时效指标或处理容量指标。测试需求分析人员需要按照要求明确需要准备的测试数据种类和对应的数量。

因此，数据差异性分析是指分析测试使用的数据与软件需求规格说明所要求的数据的差异性。

1) 构造测试输入数据的方法(工具)的有效性分析

当测试输入数据是通过测试工具、陪测设备等构造时，应在测试策略或测试环境差异性分析中说明以下内容。

(1) 工具用途、性能指标；

(2) 对工具的验证方法，即如何证明工具构造的数据能够满足测试项的要求。

2) 验证测试输出数据的方法(工具)的有效性分析

当测试输出数据是通过某些专用测试工具、陪测设备等获取和验证时，应在测试策略或测试环境差异性分析中说明以下内容。

(1) 工具用途、性能指标；

(2) 对工具的验证方法，即如何证明工具获取和验证数据的正确性。

4.6 测试风险

按照百度百科，风险是指危险；遭受损失、伤害、不利或毁灭的可能性。

通俗地讲，风险就是发生不幸事件的概率。换句话说，风险是指一个事件产生我们所不希望的后果的可能性。它是某一特定危险情况发生的可能性和后果的组合。

从广义上讲，只要某一事件的发生存在着两种或两种以上的可能性，那么就认为该事件存在风险。而在风险理论中，风险仅指损失的不确定性。这种不确定性包括发生与否的不确定、发生时间的不确定和导致结果的不确定。

依据上述定义，测试风险是特指在测试活动开展过程中，可能出现的影响软件测试的不利事件。需要特别注意的是，风险是可能发生的事件，不是必然出现的问题。如果是在测试需求分析活动中已经识别的确定性问题，则不应该属于风险，而应该在测试策略中阐明针对确定性问题的解决方案。

测试风险通常包括：技术风险、人员风险、资源风险和进度风险等。风险分析通常包含以下要素：识别的风险、风险发生的阶段和概率、风险发生导致的结果、降低风险结果危害的措施。

1) 技术风险

技术风险通常来源于两个方面：测试方法、测试人员技能。

(1) 测试方法。当采用新型测试技术时，如果对测试技术的有效性论证不充分，则需要就此识别出测试风险。

(2) 测试人员技能。针对被测软件，需要分析测试人员应该具备的技能，包括软件开发相关技能、软件测试相关技能以及相关领域知识。如果测试人员在测试活动中出现缺乏技能的情况，则需要识别为测试风险。

2) 人员风险

人员风险主要是指可能出现的人力不足情况。

3) 资源风险

资源风险主要是指可能出现的测试设备不足或故障等情况。

4) 进度风险

进度风险主要是指可能出现的测试进度不能满足委托方要求的情况。

习题

1. 简述测评大纲包含的主要内容。
2. 简述被测件接口描述与测试环境的关系。
3. 简述测试环境与测试方法的关系。
4. 简述测试策略的主要要点。
5. 简述测试需求分析与测试设计的关系。

ꕤ 第5章 ꕤ

软件测试设计

5.1 黑盒测试用例设计

测试用例就是设计一个情况，软件程序在这种情况下，必须能够正常运行并且达到程序所设计的执行结果。如果程序在这种情况下不能正常运行，那就表示软件存在缺陷。

对测试用例进行设计的主要目的是：使用最少的测试数据，达到最好的测试质量(最高性价比)。因为我们不可能进行穷举测试，为节省时间和资源，提高测试效率，必须要从数量极大的可用测试数据中精心挑选出具有代表性或特殊性的测试数据来进行测试。

可见，软件测试不是穷举测试，在不完全测试的情况下，设计测试用例的科学性决定了测试充分性。

以此为目的，前人总结出了以下测试用例设计方法。

- 等价类划分法；
- 边界值分析法；
- 因果图法；
- 判定表驱动法；
- 正交试验法；
- 场景法。

5.1.1 等价类划分法

针对一项功能需求的具体的规格要素，当其处理的输入域或输出域可以划分出若干个等价区间时，可从每个区间选取少数代表性数据设计测试用例。每一区间的代表性数据能够等价于同一区间中的其他数据。使用这种方法设计测试用例被称为等价类划分法。

1. 对单输入域进行等价类划分的示例

> 功能需求：登录。
> 规则与约束：
> ① 数据约束是登录的用户名为6～12个字符，只能且必须包含字母和数字；
> ② 业务规则是用户名唯一。

使用等价类划分法的详细设计如下。

第一步：构建针对输入域的等价类表，见表5-1。

划分等价类的原则如下。

(1) 按区间划分。当输入条件规定了一个取值范围时，应确定一个有效等价类(在范围内的)，以及两个无效等价类(超出范围)。

(2) 按数值划分。当输入条件规定了取值的个数时，应确定一个有效等价类(满足个数要求)和两个无效等价类(不满足个数要求：多于和少于个数要求)。

(3) 按数值集合划分。当输入条件规定了一个输入值的集合，而且程序会对每个值进行不同处理(程序中的对应代码为switch()…case)时，应为每个输入值确定一个有效等价类，为输入值的集合确定一个无效等价类(集合范围外的取值)。

(4) 按限制条件划分。当输入条件规定了“必须是”的情况时，应确定一个有效等价类(满足“必须是”要求)和一个无效等价类(不满足“必须是”要求)。

表5-1　等价类表

输入条件	有效等价类/编号	无效等价类/编号
规定了取值范围	字母+数字/(1)	全部是字母/(6) 全部是数字/(7) 字母+特殊字符/(8) 数字+特殊字符/(9) 字母+数字+特殊字符/(10)
规定了长度	6个字符/(2) 12个字符/(3) 6～12个字符/(4)	少于6个字符/(11) 多于12个字符/(12)
规定了唯一性	名称唯一/(5)	名称重复/(13)

第二步：依据等价类表设计测试用例，见表5-2。

设计测试用例的原则如下。

(1) 针对有效等价类设计的测试用例应尽可能多地覆盖尚未覆盖的有效等价类，直至全部有效等价类都被覆盖。

(2) 针对无效等价类设计的测试用例应使每个测试用例只覆盖一个无效等价类。

表 5-2　测试用例集合

序号	用户名	覆盖等价类	预期输出(提示信息)
1	12asdf	(1)、(2)、(5)	——
2	qwetyui67890	(1)、(3)、(5)	——
3	qwetyui678	(1)、(4)、(5)	——
4	abcdefg	(6)	用户名必须含数字
5	123456789	(7)	用户名必须含字母
6	abcd@&	(8)	用户名不能含特殊字符
7	4567￥%#	(9)	用户名不能含特殊字符
8	ert5789￥！ *	(10)	用户名不能含特殊字符
9	wgk36	(11)	用户名长度太短
10	1234567opuiyhb	(12)	用户名长度超限
11	12asdf	(13)	用户名重复

2. 对多输入域进行等价类划分的示例

功能需求：

一个程序读入 3 个整数，代表年(year)月(month)日(day)，程序输出为输入日期后一天的日期。

规则与约束：

3 个整数满足下列条件：1≤month≤12，1≤day≤31，1900≤year≤2050。

第一步：确定等价类表，见表 5-3。

表 5-3　等价类表

输入条件	有效等价类/编号	无效等价类/编号
年(year)	平年/(1) 闰年/(2)	小于 1900/(9) 大于 2050/(10)
月(month)	闰年的 2 月/(3) 平年的 2 月/(4) 12 月/(5) 大月(不含 12 月)/(6) 小月/(7)	小于 1/(11) 大于 12/(12) 闰年 2 月超过 29 天/(13) 平年 2 月超过 28 天/(14) 小月超过 30 天/(15) 大月超过 31 天/(16)
日(day)	1～31 天/(8)	小于 1/(17) 大于 31/(18)

第二步：依据等价类表，针对有效等价类设计测试用例，见表 5-4。

多输入域的测试用例设计原则如下。

等价类测试用例数量 = 多输入域的各个域的等价类数量之积。

对于上述等价类表，年的有效等价类数量=2；月的有效等价类数量=5；日的有效等价类数量=1。因此，有效等价类测试用例数量=2*5*1=10。

表 5-4 针对有效等价类设计的测试用例

序号	年月日	覆盖有效等价类	预期输出	备注
1	2023-02-28	(1)、(4)	2023-03-01	平年/2 月跨月
2	2050-12-31	(1)、(5)	2051-01-01	平年/12 月跨年
3	2049-08-31	(1)、(6)	2049-09-01	平年/大月跨月
4	2000-06-30	(1)、(7)	2000-07-01	平年/小月跨月
5	1999-02-27	(1)、(4)、(8)	1999-02-28	平年/2 月不跨月
6	2022-07-20	(1)、(6)、(8)	2022-07-21	平年/大月不跨月
7	2039-04-10	(1)、(7)、(8)	2039-04-11	平年/小月不跨月
8	2020-02-29	(2)、(3)	2020-03-01	闰年/2 月跨月
9	1980-12-31	(2)、(5)	1981-01-01	闰年/12 月跨月
10	1980-01-31	(2)、(6)	1980-02-01	闰年/大月跨月
11	1980-04-30	(2)、(7)	1980-05-01	闰年/小月跨月
12	1900-02-07	(2)、(3)、(8)	1900-02-08	闰年/2 月不跨月
13	2024-05-08	(2)、(6)、(8)	2024-05-09	闰年/大月不跨月
14	2000-06-10	(2)、(7)、(8)	2000-06-11	闰年/小月不跨月

经分析，因为闰年和平年只影响 2 月份，所以上述部分测试用例因为存在等效测试用例而可以删除。重复的测试用例见表 5-5。

有效等价类的测试用例总数为 10 个。

表 5-5 重复的测试用例

删除测试用例编号	等效测试用例编号	备注
10	3	大月跨月，与平年和闰年无关
11	4	小月跨月，与平年和闰年无关
13	6	大月不跨月，与平年和闰年无关
14	7	小月不跨月，与平年和闰年无关

第三步：依据等价类表，针对无效等价类设计测试用例，见表 5-6。

表 5-6　针对无效等价类设计的测试用例

序号	年月日	覆盖无效等价类	预期输出提示	备注
1	1899-01-01	(9)	小于 1900 年	
2	2051-01-01	(10)	大于 2050 年	
3	2000-00-01	(11)	月份小于 1	
4	2025-13-01	(12)	月份大于 12	
5	2020-02-30	(13)	闰年 2 月超过 29 天	
6	2023-02-29	(14)	平年 2 月超过 28 天	
7	1989-04-31	(15)	小月超过 30 天	
8	2045-07-32	(16)	大月超过 31 天	
9	2045-08-00	(17)	日小于 1	
10	2050-10-32	(18)	日大于 31	

3. 对输出域进行等价类划分的示例

功能需求：

输入 3 个整数 a、b、c 分别作为三角形的三边长度，打印输出所构成的三角形的类型判断结果：一般三角形、等腰三角形或等边三角形、非三角形。

有些情况下，输入域的等价类需要从输出域的角度进行划分。这时，我们有必要首先对输出域进行等价类分析，确定要覆盖的输出域等价类，然后反推得到对应的输入域等价类，从而构造出测试用例。

第一步：对输出域进行等价类划分。

输出值域可以划分为 4 个等价类：R1={不构成三角形}、R2={一般三角形}、R3={等腰三角形}、R4={等边三角形}。

第二步：根据输出域的等价类，反推对应的输入域的等价类，见表 5-7。

表 5-7　由输出域的等价类反推输入域的等价类

输出域的等价类	输入域的等价类/编号	输入域的无效等价类/编号
一般三角形	两边之和大于第三边 a+b＞c/(1) a+c＞b/(2) b+c＞a/(3)	不构成三角形 a+b≤c/(8) a+c≤b/(9) b+c≤a/(10)
等腰三角形	两边之和大于第三边且两边相等 a=b!=c/(4) a=c!=b/(5) c=b!=a/(6)	两边之和大于第三边且三边均不相等 a!=b & a!=c & b!=c/(11)

(续表)

输出域的等价类	输入域的等价类/编号	输入域的无效等价类/编号
等边三角形	三边相等 a=b=c/(7)	两边之和大于第三边且任意两边不相等 a!=b/(12) a!=c/(13) b!=c/(14)

第三步：对输入域进行等价类划分，见表 5-8。

表 5-8　输入域的等价类

输入条件	输入域的等价类/编号	输入域的无效等价类/编号
3 个正整数	a＞0、b＞0、c＞0/(15)	一个非正： a≤0、b＞0、c＞0/(16) b≤0、a＞0、c＞0/(17) c≤0、a＞0、b＞0/(18)
		两个非正： a≤0、b≤0、c＞0/(19) a≤0、c≤0、b＞0/(20) c≤0、b≤0、a＞0/(21)
		3 个非正： a≤0、b≤0、c≤0/(22)

第四步：依据等价类表，针对有效等价类设计测试用例，见表 5-9。

表 5-9　针对有效等价类设计的测试用例

序号	[a、b、c]	覆盖有效等价类	预期输出	备注
1	3、4、5	(1)(2)(3)(15)	一般三角形	
2	4、4、5	(1)(2)(3)(4)	等腰三角形	
3	4、5、4	(1)(2)(3)(5)	等腰三角形	
4	5、4、4	(1)(2)(3)(6)	等腰三角形	
5	5、5、5	(1)(2)(3)(7)	等边三角形	

第五步：依据等价类表，针对无效等价类设计测试用例，见表 5-10。

表 5-10　针对无效等价类设计的测试用例

序号	[a、b、c]	覆盖无效等价类	预期输出	备注
1		(8)	不构成三角形	
2		(9)	不构成三角形	
3		(10)	不构成三角形	
4		(11)	一般三角形	非等腰三角形
5		(12)	一般三角形	非等边三角形
6		(13)	一般三角形	非等边三角形
7		(14)	一般三角形	非等边三角形
8		(15)	输入非正	
9		(16)	输入非正	
10		(17)	输入非正	
11		(18)	输入非正	
12		(19)	输入非正	
13		(20)	输入非正	
14		(21)	输入非正	
15		(22)	输入非正	

4. 优点和缺点

- 优点：等价类划分的测试用例设计方法减少了穷举法带来的大量测试用例，保证了测试效果和测试效率，一般是有输入性需求的被测对象可以采用的方法。
- 缺点：当某项功能需求存在多种输入参数时，输入与输入之间的关系考虑较少，可能产生一些逻辑错误；还需要其他用例设计方法来补充测试。

5.1.2　边界值分析法

边界值分析法是对输入域或输出域的边界值进行测试的一种黑盒测试方法，通常作为对等价类划分法的补充，其测试用例针对等价类的边界。

因为边界值数据本质上属于某个等价类的范围，从理论上说，对等价类的边界值数据进行测试等价于其他有效等价类测试用例，属于冗余测试。但基于对大量测试数据的统计经验，为确保测试质量，边界值必须要进行单独测试，因此边界值测试用例的冗余是可以接受的。

边界值分析方法不仅适用于对输入域和输出域的边界值进行测试，而且适用于软件运行所遇到的任何边界或端点情况。它包括但不限于以下边界条件。

(1) 输入域和输出域的边界；

(2) 状态转换的边界；
(3) 功能界限的边界；
(4) 性能界限的边界；
(5) 容量界限的边界。

1. 对输入域和输出域进行边界值分析的示例

功能需求：
某雷达处理软件需要对发现的空中目标进行编批，最多能够处理 9 批。
规则与约束：
① 批号不重复。
② 超过 9 批，按时间顺序替换旧的目标批。
③ 批号范围为[1,255]。超过 255 时，从 1 开始重新分配批号。
④ 支持人工修改批号。

这里存在一个输入域边界：最多能够处理 9 个不同目标。针对该输入域边界进行测试，设计如下测试用例。

(1) 功能测试：从第 1 批至第 9 批，验证软件编批唯一性。

(2) 边界测试——边界外：从第 9 批至第 10 批，验证软件对批次边界处理的正确性。

(3) 边界测试——边界上：满 9 批且第 9 批消批后，出现新目标。

(4) 边界测试——边界上：将软件自动分配的 9 个目标的批号(P1…P9，P9 为最大批号)人工修改为 9 个新的连续批号(最小批号是 P9+1)，再出现新目标。

发现的软件问题：新目标的批号与人工修改后的最大批号相同，即软件在这种情况下生成了重复批号的目标。

这里还存在一个输出域边界：目标的批号范围[1,255]。针对该输出域边界进行测试，设计如下测试用例。

边界测试——边界外：当目标批号等于 255 后，再出现新目标。

发现的软件问题：软件未按要求从 1 开始重新分配批号。

原因分析：代码中目标批号 targetNo 的类型为 uint16，其值为 255 时，执行 targetNo++，值变为 256；但执行最后的赋值语句*p=(char)targetNo 后，目标批号变为 0。

2. 对状态转换进行边界值分析的示例

状态转换存在两种情况。

(1) 当软件存在多个运行状态时，这些状态是因为外部需求而存在的，是软件外部的各个主执行者能够识别的(通常在 GJB 438C 的软件需求规格说明的 3.1 节要求的状态和方式中进行描述)。

这类软件状态之间的转换可以用 UML 的状态图表示。UML 状态图使用转移表示对象的源状态和目标状态之间的转换关系；即表示对象在源状态中执行一定的动作，并当某个特定事件发生而且某个特定的警界条件满足时进入目标状态。

对状态转换进行边界值分析适用于当状态转换存在特定的警界条件时，如果状态转换只需要特定事件，则无须开展边界值分析。

(2) 软件内部的状态转换。这类状态是软件架构设计师为满足某些需求而设计出来的(通常体现在 GJB 438C 的软件设计说明的 4.2 节)，不是软件的外部主执行者能够识别的。

同理，这种状态转换可以用 UML 的状态图表示，当状态转换存在特定的警界条件时，可以使用边界值分析法设计测试用例。

3. 对功能界限进行边界值分析的示例

功能界限在两个层面上存在不同的含义。

1) 第一个层面是在功能的概念定义层面

软件的功能就是软件的责任，即功能=责任；责任一定存在责任边界。功能可以类比为岗位的职责，例如财务部门的会计和出纳的岗位职责不相同，每个岗位的职责存在职责边界。

就定义而言，功能是指研究对象(系统、软件、软件部件等)对外提供的一段可见的、有价值的行为。

功能边界就是指功能涉及的行为边界，即该功能不负责其边界之外的软件的其他行为。

可见，软件的任一功能都不是无限扩展的，而是有它的边界和限制；功能边界本身就代表了功能自身的价值。

因此，对这层含义的功能界限而言，它与边界值分析法无关。

2) 第二个层面是针对具体的功能规格而言

针对具体的功能需求的规格说明，功能界限存在以下两种情况。

(1) 当功能 A 的“后置条件”中包括一个带范围的数据 M 且该 M 数据范围是功能 B 的“前置条件”时，表示的是当软件执行功能 A 完成后，M 数据应满足一个范围要求，而该数据范围是功能 B 执行的前提。此时，M 数据范围就是功能 A 与功能 B 的界限。

(2) 当功能 C 和功能 D 共用一个数据实体 U(如一个类、一个数据结构体或一个整型数等；注意，这是应该在 GJB 438C 的软件需求规格说明的 3.5 节中描述的内容)时，表示的是当软件执行完功能 C 后，将会对数据实体 U 完成一个特定的赋值；而当软件执行完功能 D 后，又会对数据实体 U 完成另外一个特定赋值。那么，当功能 C 或功能 D 的执行过程中，对数据实体 U 赋值存在一个数据范围时，该数据范围称为功能 C 或功能 D 的功能界限。

因此，对这两种功能界限情况，均适用于使用边界值分析法设计测试用例。

4. 对性能界限进行边界值分析的示例

在软件用例规格的“规则与约束”中出现带有数据范围的性能指标时，需要对性能指标的数据范围的边界进行测试；这时可用边界值分析法设计测试用例。

对性能界限开展测试时需要分析什么样的场景下能够测到性能指标的边界，即输入、输出和性能指标三者的关系。例如，性能指标范围为[L,H]，对下边界L，分析确定其对应的软件输入数据IN也是一个数据范围[a,b]，即当输入数据在[a，b]范围内时，都应该测试到性能指标的下边界L。

5.1.3 因果图法

1. 概述

1) 用途

当软件的某项功能存在多种输入条件，而且这些输入条件之间存在必然的关系(如约束关系、组合关系)时，需要使用因果图法。

当一项功能存在多种输入条件，且每种输入条件下又存在多个输入选择时(例如自动售货机软件)，因果图法能够描述多种输入组合(每一种组合是一个“因”)，产生多个相应动作(每个动作输出是一个“果”)。

因此，因果图法是针对某个功能的多输入与多输出之间的依赖关系开展测试用例设计的方法。相对而言，等价类划分法和边界值分析法适用于某项功能只存在单一输入条件的情况。

因果图法和等价类划分法的区别见表5-11。

表5-11 因果图法和等价类划分法的区别示例

示例	输入条件	输入条件数量	适用的方法
三角形判断软件	3个边数据	单一输入条件	等价类划分
自动售货机软件	(1) 投币值 ① 1元5角 ② 2元 (2) 选饮料 ① 可乐 ② 雪碧 ③ 红茶	两个输入条件	因果图

2) 组成

因果图的图形符号包括基本图形符号和约束图形符号。因果图的图形符号定义见表5-12。

表 5-12　因果图的图形符号定义

图形符号种类	图形符号定义	符号含义
基本图形符号(标识因果关系)	恒等	若原因出现，则结果出现；若原因不出现，则结果不出现
	非	若原因出现，则结果不出现；若原因不出现，则结果出现
	或	若几个原因中有一个出现，则结果出现；若几个原因均不出现，则结果不出现
	与	若几个原因都出现，结果才出现；若几个原因中有一个不出现，则结果不出现
约束图形符号(从原因方面考虑)	E(互斥、排他)	a、b 两个原因不会同时出现，最多只有一个出现
	I(包含、或)	a、b、c 三个原因至少有一个出现
	O(唯一)	a、b 两个原因必须有一个出现，且仅有一个出现
	R(需求)	a 出现时 b 必定出现
约束图形符号(从结果方面考虑)	M(屏蔽)	a 出现时，b 必定不出现；a 不出现时，b 则不确定

等价类划分法和边界值分析法是搭档，因果图法和判定表驱动法是搭档。

对于因果逻辑相对简单和思维逻辑缜密的测试人员，可以直接写出判定表。但是，有时不能直接通过原因得到结果，需要借助中间状态；随着原因、结果不断增多，唯有依赖因果图才能更好地梳理个中关系。

3) 因果图法设计测试用例的步骤

第一步：分析软件需求规格说明书中具体的功能规格说明，针对这个功能，确定哪些是原因(指输入条件或输入条件的等价类)和哪些是结果(指输出条件)。给每一个原因和结果设置一个标识符(编号)。

第二步：分析软件需求规格说明书中的描述，分析原因与原因、原因与结果之间的关系，画出因果图。由于语法环境的限制，一些原因与原因之间、原因与结果之间的组合不能直接出现；对于此类情况，在因果图中用记号标明约束或限制条件。

第三步：将因果图转换为判定表。

第四步：根据判定表的每一列设计测试用例。

2. 示例

功能需求：中国象棋中马的走法。

规则与约束：

① 如果落点在棋盘外，则不移动棋子；

② 如果落点与起点不构成日字型，则不移动棋子；

③ 如果落点处有自己方棋子，则不移动棋子；

④ 如果在落点方向的邻近交叉点有棋子(绊马腿)，则不移动棋子；

⑤ 如果不属于①～④条，且落点处无棋子，则移动棋子；

⑥ 如果不属于①～④条，且落点处为对方棋子(非老将)，则移动棋子并除去对方棋子；

⑦ 如果不属于①～④条，且落点处为对方老将，则移动棋子并提示战胜对方，游戏结束。

第一步：根据软件需求规格说明，分析并确定“因”和“果”。“因”见表5-13，“果”见表5-14。

表5-13 原因

编号	原因
1	落点在棋盘外
2	不构成日字
3	落点有自方棋子
4	绊马腿
5	落点无棋子
6	落点为对方棋子
7	落点为对方老将

表5-14 结果

编号	结果
21	不移动
22	移动到空落点
23	移动并消除对方棋子
24	移动并战胜对方

第二步：分析因和因的关系、因和果的关系；将“因”和“果”表示成因果图并标明约束条件。

为更便于理解，需要建立两个中间结点，见表5-15。

表5-15 中间结点

编号	含义
11	表示原因的1～4条都不成立
12	表示原因的5～7条中任一条成立

构建因果图的分析过程如下。

编号为 1～4 的 4 个原因都产生一个结果，见表 5-16。

表 5-16　因果关系分析 1

编号	原因	因果关系	结果
1	落点在棋盘外	或 (4 个原因中有一个出现，则结果出现；若 4 个原因都不出现，则结果不出现)	21/不移动
2	不构成日字		
3	落点有自方棋子		
4	绊马腿		

编号为 5～7 的 3 个原因存在互斥关系，分别开展因果分析，见表 5-17～表 5-19。

表 5-17　因果关系分析 2

编号	原因	因果关系	结果
5	落点无棋子	与 (两个原因都出现，则结果出现)	22/移动到空落点
11	原因的 1～4 条都不成立		

表 5-18　因果关系分析 3

编号	原因	因果关系	结果
6	落点为对方棋子	与 (两个原因都出现，则结果出现)	23/移动并消除对方棋子
11	原因的 1～4 条都不成立		

表 5-19　因果关系分析 4

编号	原因	因果关系	结果
7	落点为对方老将	与 (两个原因都出现，则结果出现)	24/移动并战胜对方
11	原因的 1～4 条都不成立		

1～4 条原因和 5～7 条原因的关系分析分别见表 5-20～表 5-23。

表 5-20　因果关系分析 5

编号	原因	因果关系	结果
1	落点在棋盘外	与 (两个原因都出现，则结果出现)	21/不移动
12	原因的 5～7 条中任一条成立		

表 5-21　因果关系分析 6

编号	原因	因果关系	结果
2	不构成日字	与 (两个原因都出现，则结果出现)	21/不移动
12	原因的 5～7 条中任一条成立		

表 5-22　因果关系分析 7

编号	原因	因果关系	结果
3	落点有自方棋子	与 (两个原因都出现，则结果出现)	21/不移动
12	原因的 5～7 条中任一条成立		

表 5-23　因果关系分析 8

编号	原因	因果关系	结果
4	绊马腿	与 (两个原因都出现，则结果出现)	21/不移动
12	原因的 5～7 条中任一条成立		

根据上述分析结果，画出因果图(略)。

当用一张图表达比较混乱时，可以针对上述每个“因果关系分析表”各自画图表达。

第三步：将因果图转换为判定表。

从表 5-24 可见，有 8 种情况会出现“不移动”的结果，另外 3 种结果各有一种情况。

表 5-24　判定表

		编号	1	2	3	4	5	6	7	8	9	10	11
输入	落点在棋盘外	1)	1	1	0	0	0	0	0	0	0	0	0
	不构成日字	2)	0	0	1	1	0	0	0	0	0	0	0
	落点有自方棋子	3)	0	0	0	0	1	1	0	0	0	0	0
	绊马腿	4)	0	0	0	0	0	0	1	1	0	0	0
	落点无棋子	5)	0	0	0	0	0	0	0	0	1	0	0
	落点为对方棋子	6)	0	0	0	0	0	0	0	0	0	1	0
	落点为对方老将	7)	0	0	0	0	0	0	0	0	0	0	1

(续表)

		编号	1	2	3	4	5	6	7	8	9	10	11
中间结点	原因的 1～4 条都不成立	11)	0	0	0	0	0	0	0	0	1	1	1
	原因的 5～7 条中任一条成立	12)	0	1	0	1	0	1	0	1	1	1	1
输出	不移动	21)	**1**	**1**	**1**	**1**	**1**	**1**	**1**	**1**	0	0	0
	移动到空落点	22)	0	0	0	0	0	0	0	0	**1**	0	0
	移动并消除对方棋子	23)	0	0	0	0	0	0	0	0	0	**1**	0
	移动并战胜对方	24)	0	0	0	0	0	0	0	0	0	0	**1**

第四步：根据判定表的每一列设计测试用例。

5.1.4　判定表驱动法

1. 概述

1) 用途

根据百度百科的定义，判定表是一种表达逻辑判断的工具。与结构化语言和判断树相比，判断表的优点是能把所有条件组合充分地表达出来。

判定表法可以和因果图法配合使用，也可以单独使用；由测试人员根据软件处理逻辑的复杂度、测试人员自己的逻辑思维能力或测试人员自己的思维习惯进行选择即可。

与因果图法一样，判定表法也是用于分析某项功能存在多个输入和多个输出的情况；而且输入与输入之间有相互的组合关系、输入和输出之间有相互的制约和依赖关系。

在遇到逻辑复杂的业务时，可以利用判定表厘清其间的逻辑关系。其优点在于能够将复杂的问题按照各种可能的情况全部列举出来，简明并且可以避免遗漏。

2) 判定表组成

判定表是一个用来表示条件和动作的二维表，由条件桩、动作桩、条件项、动作项和规则五部分组成，见表 5-25。

判定表也称为决策表，能够表示输入条件的组合，以及与每一输入组合对应的动作组合，可以清晰表达条件、决策规则和应采取的行动之间的逻辑关系。

表 5-25　判定表组成

<table>
<tr><td>条件</td><td>条件桩
(列出问题的所有条件)</td><td>条件项
(列出所列条件的具体赋值)</td><td rowspan="2">规则</td></tr>
<tr><td>动作</td><td>动作桩
(列出可能针对问题所采取的操作)</td><td>动作项
(列出在条件项组合情况下应该采取的动作)</td></tr>
</table>

(1) 条件包括条件桩和条件项。

① 条件桩：依据软件需求规格说明书，列出某功能规格的所有条件(输入)，通常认为列出条件的次序无关紧要。

② 条件项：针对条件桩可能的输入数据值。

(2) 动作包括动作桩和动作项。

① 动作桩：针对条件，被测对象可能采取的所有操作。

② 动作项：针对动作桩，被测对象相应的可能取值。

(3) 规则。

① 在判定表中贯穿条件项和动作项的一列就是一条规则。

② 规则是指由不同的条件导致的不同动作，在判定表中体现为不同的条件项得到不同的动作项。

3) 判定表的建立步骤

第一步：列出所有的条件和动作。

第二步：确定规则的个数(假如有 n 个条件，每个条件有两个取值(0、1)，就可以产生 2 的 n 次方种规则)。

第三步：填写判定表。

第四步：化简判定表。因为最初建立的判定表存在两种情况需要化简：一是判定表包括条件的所有组合，而有些组合可能是不能实现的；二是有些动作可能是由一些相似的条件产生的。这时就需要按照等价类划分的方法进行化简。

2. 示例

软件：某飞控软件。

功能需求：飞行控制解算(略)。

规则与约束：

① 当惯导数据有效标志为有效、惯导状态字为纯惯(或组合)、惯导经纬度在正常范围内且惯导位置单位时间内的变化量满足要求时，使用惯导位置。

② 若上述任意一个条件不满足，则对卫星定位数据进行判断。当卫星定位状态有效、卫星定位经纬度在正常范围内且卫星定位位置单位时间内的变化量满足要求时，使用卫星定位位置；否则使用推算位置。

③ 当惯导数据有效标志为有效时，使用惯导航向，否则使用磁航向。

第一步：确定条件桩(3 个)。

(1) 惯导正常(惯导数据有效标志为有效、惯导状态字为纯惯(或组合)、惯导经纬度在正常范围内且惯导位置单位时间内的变化量满足要求)。

(2) 卫导正常(卫星定位状态有效、卫星定位经纬度在正常范围内且卫星定位位置单位时间内的变化量满足要求)。

(3) 惯导数据有效标志为有效。

第二步：确定动作桩(5 个)。

(1) 使用惯导位置；

(2) 使用卫星位置；

(3) 使用推算位置；

(4) 使用惯导航向；

(5) 使用磁航向。

第三步：填写初始判定表。

根据 3 个条件桩，判定表应该有 $8(2^3)$列，每一列代表一种规则；即每个条件桩有两种取值(0、1)，3 个条件桩有 8 种组合(见表 5-26)。

表 5-26　初始的判定表

	条件桩/动作桩	1	2	3	4	5	6	7	8
条件	惯导数据有效标志有效	1	0	1	1	1	0	0	0
	惯导正常	1	0	0	1	0	0	1	1
	卫导正常	1	1	1	0	0	0	1	0
动作	使用惯导位置	1	0	0	1	0	0	0	0
	使用卫星位置	0	1	1	0	0	0	0	0
	使用推算位置	0	0	0	0	1	1	0	0
	使用惯导航向	1	0	1	1	1	0	0	0
	使用磁航向	0	1	0	0	0	1	0	0

第四步：简化判定表。

从表 5-26 可见，第 7 列和第 8 列属于不可能实现的组合，因为惯导数据有效标志无效时，惯导不可能正常。因此，删除第 7 列和第 8 列，见表 5-27。

表 5-27　简化后的判定表

	条件桩/动作桩	1	2	3	4	5	6
条件	惯导数据有效标志有效	1	0	1	1	1	0
	惯导正常	1	0	0	1	0	0
	卫导正常	1	1	1	0	0	0
动作	使用惯导位置	1	0	0	1	0	0
	使用卫星位置	0	1	1	0	0	0
	使用推算位置	0	0	0	0	1	1
	使用惯导航向	1	0	1	1	1	0
	使用磁航向	0	1	0	0	0	1

5.1.5　正交试验法

1. 概述

1) 用途

正交试验法是研究多因素、多水平的一种试验设计方法。它是利用正交表对试验进行设计，根据正交表的正交性从全面试验中挑选适量的、有代表性的点进行试验；这些有代表性的点具备了“均匀分散，整齐可比”的特点，以此达到通过少数的试验替代全面试验的目的。

2) 正交表组成

正交表是一种特制的表格，一般用 $L_n(m^k)$表示；L 代表是正交表，n 代表试验次数(正交表的行数)，k 代表最多可安排的因素(影响试验结果的原因、条件)的个数(正交表的列数)，m 表示每个因素对应的水平(每一个因素的取值)数，且 $n=k*(m-1)+1$。

因此，正交表表示一张表格有 n 行、k 列，且每一行的 k 个变量的取值范围个数都是 m。

从正交表的特性可知，正交表必须满足“均匀分布、整齐可比”；即

- 每一列中，同一数字(水平)出现的次数相等；
- 任意两列组成的数字对(水平对)出现的次数相等。

因此，只有特定的因素数和水平数的组合才能构成合格的正交表。例如，正交表 $L_4(2^3)$，表示对 3 个因素(输入条件)、每个因素的水平数(因素的取值数)为 2 的情况，需要做 4 次试验；正交表 $L_8(2^4，4^1)$，表示需要做 8 次试验，其中 2 水平的因素有 4 个，4 水平的因素有 1 个。

3) 设计步骤

(1) 确定因素。依据软件需求规格说明中某项功能的规格要素，分析所有对该

功能的实现正确性有影响的因素(输入参数)。

(2) 确定每个因素水平(取值)。可以利用等价类、边界值分析法，分析每个因素的水平(取值)数量。

(3) 选择正交表。根据实际的因素数和水平数，查找最匹配的正交表(正交表的因素数和水平数一般要大于实际的因素数和水平数)，将因素和水平值填入正交表。

(4) 依据正交表设计测试用例。每一行的各因素水平的组合作为一个测试用例。

2. 示例

兼容性需求：要求系统兼容多种操作系统和服务框架，并且兼容多种浏览器(具有各种插件)。

① 操作系统：Windows、UNIX、Linux；

② 服务框架：Apache、Tomcat；

③ 浏览器：Firefox、IE 9.0、Google Chrome；

④ 插件：Flash、Media Player。

如果将上述四类兼容性需求进行全面测试，就需要考虑所有因素的组合，即3*2*3*2=36 个，需要设计 36 个测试用例。

通过使用正交试验法，从全面测试中挑选适量的、有代表性的点进行测试，不仅能够较少工作量，而且能够保证测试的充分性。

第一步：确定因素和各自的水平值。

这里有 4 因素，最大水平值为 3，最小水平值为 2，见表 5-28。

表 5-28 确定因素和因素的水平值

序号	因素	水平
1	操作系统	Windows
2		UNIX
3		Linux
4	服务框架	Apache
5		Tomcat
6	浏览器	Firefox
7		IE 9.0
8		Google Chrome
9	插件	Flash
10		Media Player

第二步：根据因素和水平值，确定一个合适的正交表。

依据实际的 4 因素、3 水平，选择正交表 $L_9(3^4)$，见表 5-29。

$L_9(3^4)$表示一个4因素3水平的正交表。第一列是测试次数，第二列是第一个因素的3种取值(1、2、3)的分布，第三列是第二个因子的3种取值的分布，以此类推，构成4因素3水平的一个正交分布。

表5-29　正交表$L_9(3^4)$

测试次数	因素1	因素2	因素3	因素4
1	1	1	1	1
2	1	2	2	2
3	1	3	3	3
4	2	1	2	3
5	2	2	3	1
6	2	3	1	2
7	3	1	3	2
8	3	2	1	3
9	3	3	2	1

依据选择的正交表，填入实际因素和水平值，见表5-30。

表5-30　实际正交表

测试次数	操作系统	服务框架	浏览器	插件
1	Windows	Apache	Firefox	Flash
2	Windows	Tomcat	IE 9.0	Media Player
3	Windows	——	Chrome	——
4	UNIX	Apache	IE 9.0	——
5	UNIX	Tomcat	Chrome	Flash
6	UNIX	——	Firefox	Media Player
7	Linux	Apache	Chrome	Media Player
8	Linux	Tomcat	Firefox	——
9	Linux	——	Chrome	Flash

填充完毕，发现部分因素只有2水平，正交表中出现空格。此时，可以对这些因素的水平值确定优先级，将优先级最高的水平值填入即可。

例如：对服务框架，将Tomcat设为最高优先级；对插件，将Flash设为最高优先级；补充正交表(见表5-31)。

表 5-31　补充后的正交表

测试次数	操作系统	服务框架	浏览器	插件
1	Windows	Apache	Firefox	Flash
2	Windows	Tomcat	IE 9.0	Media Player
3	Windows	Tomcat	Chrome	Flash
4	UNIX	Apache	IE 9.0	Flash
5	UNIX	Tomcat	Chrome	Flash
6	UNIX	Tomcat	Firefox	Media Player
7	Linux	Apache	Chrome	Media Player
8	Linux	Tomcat	Firefox	Flash
9	Linux	Tomcat	Chrome	Flash

第三步：依据正交表设计测试用例。

针对每一行设计测试用例，共设计 9 个测试用例。

5.1.6　场景法

1. 概述

1) 用途

在理解场景法之前，必须先理解软件功能需求的规格要素。一项功能需求需要确定以下规格。

- 概述；
- 执行者；
- 前置条件；
- 后置条件；
- 基本流程；
- 扩展流程；
- 规则与约束。

其中，“基本流程”体现的是这个功能的核心价值，描述的是执行者和软件交互的无差错的过程，即交互过程中不会出现任何异常；当基本流程执行结束，软件就实现了主执行者所希望达成的目的。

“扩展流程”描述的是在基本流程执行过程中，可能遇到的各种异常情况。

一个功能的“基本流程”和“扩展流程”见图 5-1。

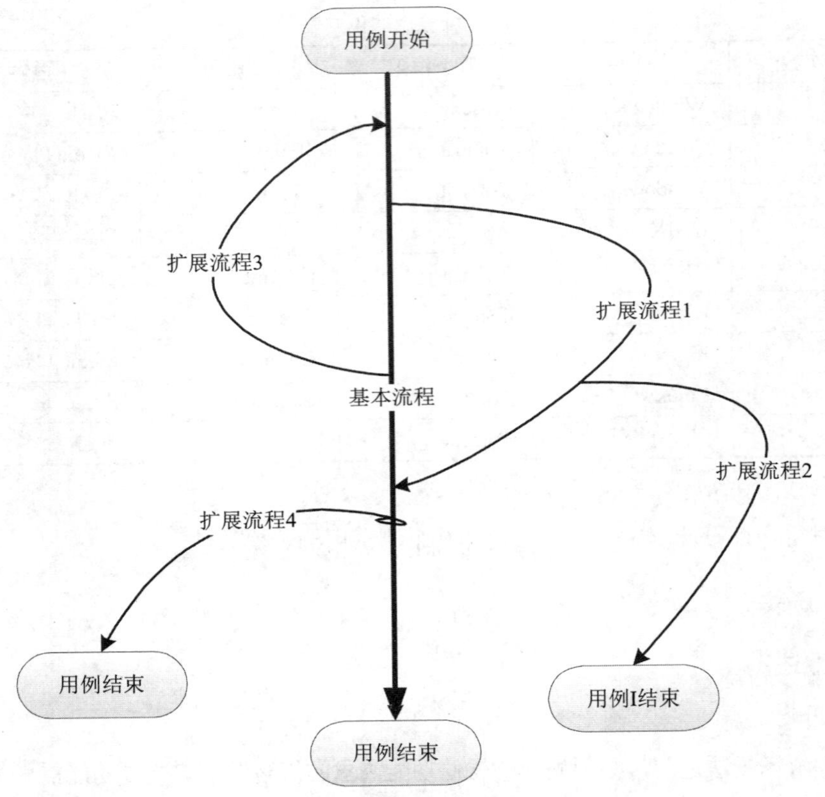

图 5-1　基本流程和扩展流程示意图

2) 设计步骤

场景法的使用步骤如下。

第一步：依据软件需求规格说明，对某项功能的规格要素进行分析，识别出该功能的基本流程及各个扩展流程。

第二步：根据基本流程和各扩展流程生成不同的场景。

第三步：针对每一个场景生成相应的测试用例。

第四步：审核生成的所有测试用例，去掉多余的测试用例。

2. 示例

功能需求：软件在线升级。

基本流程：

(1) 软件收到上位机发送的“在线升级”指令，应答 OK；

(2) 软件关闭正在运行的待升级软件，回复“准备完毕”；

(3) 软件收到上位机发送的“清 FLASH”指令，应答 OK；

(4) 软件在指定地址空间写入 0，回复"可以升级"；
(5) 软件接收上位机发送的"升级"指令，检查指令中的升级包大小，满足要求应答 OK；
(6) 软件接收上位机发送的"升级包"指令，按照包顺序，将内容写入 FLASH；
(7) 循环第(6)步，直至写入的包个数与"升级"指令中的包个数一致；
(8) 软件回复"升级完毕"。
扩展流程：
(2a) 软件关闭正在运行的待升级软件失败，回复"准备失败"；
(2a1) 用例结束。
(4a) 软件清除 FLASH 失败，回复"清除失败"；
(4a1) 用例结束。
(5a) 软件检查升级包规模大于 FALSH 预定空间，回复"升级包超限"；
(5a1) 回到第(5)步。
(6a) 软件写入失败，回复"写入失败"；
(6a1) 用例结束。

1) 场景设计

场景设计见表 5-32。

表 5-32　场景设计

场景描述	基本流程	扩展流程
场景 1——软件升级成功	基本流程	——
场景 2——软件关闭待升级软件失败	基本流程	扩展流程 2a
场景 3——软件清除 FLASH 失败	基本流程	扩展流程 4a
场景 4——FALSH 预定空间不足	基本流程	扩展流程 5a
场景 5——软件写入 FALSH 失败	基本流程	扩展流程 6a

2) 依据场景设计测试用例

依据场景设计的测试用例见表 5-33。

表 5-33　测试用例设计

场景描述	测试用例名称	标识
场景 1——软件升级成功	1 包升级成功	TC-001
	5 包升级成功	TC-002
	空间不足后再次升级成功	TC-003
场景 2——关闭待升级软件失败	关闭待升级软件失败	TC-004

(续表)

场景描述	测试用例名称	标识
场景 3——软件清除 FLASH 失败	软件清除 FLASH 失败	TC-005
场景 4——FALSH 预定空间不足	FALSH 预定空间不足	TC-006
场景 5——软件写入 FALSH 失败	第 1 包写入 FALSH 失败	TC-007
	第 3 包写入 FALSH 失败	TC-008

5.2 各类测试点的测试用例设计

5.2.1 流程类测试点

流程类测试点主要面向以下情况。

(1) 系统或软件的某项功能，该功能具备多个扩展流程。该类测试点的特点是具备多个扩展流程，软件与主执行者发生多次交互才能够实现一项功能，即该功能呈现出多次输入和输出。

对这类测试点，典型的测试用例设计方法是场景法。

(2) 软件的高层控制流。这类测试点主要聚焦于实时性软件，如无人机的飞行控制软件，需要在指定的时间内完成多路数据采集、数据计算、控制动力机构等。

对这类测试点，需要画出流程图，之后可参考白盒测试的路径测试法，开展测试用例设计。

(3) 系统的业务流程。这类测试点是对系统的各个业务流程(需要多项功能协同完成)的测试。

对这类测试点，建议先使用带泳道的职责图建模，明确系统在每一个业务流程中所涉及的系统功能，以及和执行者的关系。之后，识别出基本流程和扩展流程，使用场景法设计测试用例。

5.2.2 数据类测试点

数据类测试点主要面向以下情况。

(1) 当软件用例规格的“规则与约束”中出现流程步骤中软件需要处理的输入、输出数据的约束条件时。

对这类测试点，通常使用边界值分析、等价类划分法设计测试用例。

(2) 当软件用例规格的“规则与约束”中出现带有数据范围的性能指标时。

对这类测试点，可使用边界值分析、等价类划分法设计测试用例。

(3) 当软件存在多个可互相转换状态，且当状态转换存在特定的警界条件时。

对这类测试点，可使用边界值分析法设计测试用例。

(4) 当软件的某些功能存在带数据范围的功能界限时。

对这类测试点，可使用边界值分析法设计测试用例。

5.2.3　规则类测试点

规则类测试点主要面向以下情况。

当软件用例规格的“规则与约束”中出现软件处理须遵循的一些业务规则或处理规则时。

- 处理规则例子：发射安全联锁条件(当满足继电器开、弹自检正常等一系列条件时，才可发射)。
- 业务规则例子：酒店房间预定优惠规则(满足什么条件，给予什么折扣)等。

对规则类测试点，可使用判定表法、因果图法设计测试用例。

5.2.4　组合类测试点

组合类测试点主要面向以下情况。

(1) 当某项功能需求规格的“基本流程”的某个步骤中出现多个输入参数组合的情况时。

(2) 当软件质量因素(通常在 GJB 438C 的 3.11 节中描述)中某项质量因素要求出现多种因素组合的情况时。

对组合类测试点，可使用正交试验法设计测试用例。

5.3　控制测试用例数量

一个测试点至少需要设计一个测试用例进行验证。

“一个测试点需要设计多少测试用例才能够保证测试的充分性”是测试设计人员工作的主要内容，但不是越多的测试用例就一定能够保证测试充分性，因为冗余测试用例对测试充分性是没有贡献的。

因此，控制测试用例数量的有效办法就是针对具体测试点要求，采用合适的黑盒测试用例设计方法。

测试用例是最终测试充分性的证据，测试用例的数量是测试充分性的一个直观表现，测试用例数量达标是测试充分性达标的一个必要条件。

评价测试用例数量合理性的一个常用指标是千行代码测试用例数。

此处的千行代码测试用例数包含两个层面：一是面向软件的千行代码测试用例数，即该软件的全部测试用例数量(含所有测试类型)与代码规模的比值；二是面向单一功能的千行代码测试用例数，即该功能的全部测试用例数与实现该功能对应的代码规模的比值。

第一个层面的数据易于统计，第二个层面的数据需要在开展完备的静态分析前提下才具备统计条件。

如果千行代码测试用例数偏少(少于同类软件的平均值)，则应从以下几个方面分析和查找原因。

1) 测试需求分析活动可能存在的缺陷

(1) 测试需求分析时遗漏了一些功能需求。由于软件需求规格说明文档中丢失部分需求的描述，造成测试需求分析时直接遗漏相关的测试项。

这类需求错误应该在文档审查时及时发现，发现遗漏功能需求的一个可行的方法是检查接口需求和设计说明的接口协议内容。原则上，接口协议中定义的任何数据都是与某个功能需求或某几个功能需求相关的，如果接口协议中出现完全与功能需求无关的数据，应该质疑需求文档中是否遗漏了功能需求。

(2) 某些软件用例规格的描述过于简单，与实际的复杂性不相符。

由于软件用例规格的描述不准确，遗漏必要的要素内容，造成在软件需求层面没有体现出实现该软件用例的代码的规模、复杂度。

(3) 某些功能需求的设计实现较为复杂，但测试需求分析没有充分覆盖设计复杂性。这种情况是测试点没有充分考虑软件功能实现的处理逻辑，从而导致测试点不充分。

(4) 测试需求分析得到的测试点不够充分。这种情况通常是由于测试需求分析人员本身的技能缺乏，难以胜任岗位要求。

2) 测试设计活动可能存在的缺陷

主要是测试设计方法使用不当，导致设计的测试用例不能完全覆盖测试点要求。

3) 软件实体存在冗余代码

软件冗余代码通常应该在代码审查和静态分析中被发现，并且应通过整改，避免最终统计的代码规模包含冗余代码。

5.4 测试设计持续改进

顾名思义，测试设计持续改进是指通过持续完善测试用例，提高测试的充分性。测试执行阶段是测试设计持续改进的最佳时间段。

1. 改进方法 1：分析测试过程中出现的非预期缺陷

(1) 选出非预期缺陷(指非测试用例发现的缺陷)。

(2) 对这些缺陷进行分析。

(3) 确定这些缺陷未被测试发现的原因。

(4) 确定是测试点、测试用例设计还是测试用例编写的问题。

(5) 举一反三，检查是否还存在类似问题。

对此类持续改进工作可使用表 5-34 记录。

表 5-34　非预期缺陷记录表

软件名称		版本	
软件缺陷描述			
软件缺陷类型	□需求问题　□设计问题　□编码问题　□数据问题		
缺陷原因分析			
未发现原因分析			
原因总结	□测试点问题　□测试用例设计问题　□测试用例编写问题　□其他问题		
举一反三			
改进措施			

2. 改进方法 2：分析黑盒测试用例执行的代码覆盖程度

(1) 对代码规模较大的软件，建议只对关键/重要函数(经静态分析确认的)开展代码覆盖度分析；对代码规模较小(如小于 1 万行)的软件，建议对全部函数开展代码覆盖度分析。

(2) 首先建立追踪树：测试子项——测试点——测试用例——函数。

(3) 确定测试子项对应的全部函数。

(4) 确定每个测试点追踪的函数中的语句。

(5) 确定每个测试用例能够覆盖的语句。

(6) 检查所有测试用例覆盖语句、分支、条件/组合的情况，如果有未覆盖情况，分析未覆盖的原因。

(7) 确定是测试点、测试用例设计还是测试用例编写的问题。

对此类持续改进工作可使用表 5-35 记录。

表 5-35　代码覆盖程度分析记录表

软件名称		版本	
函数名称			
对应的测试子项			
对应的测试点列表			
对应的测试用例列表			
语句覆盖程度			
分支覆盖程度			
条件/组合覆盖程度			
未覆盖情况原因分析			
原因总结	□测试点问题　□测试用例设计问题　□测试用例编写问题 □其他问题		
改进措施			

3. 改进方法 3：分析动态测试发现的违反编码规则的问题

通常静态测试先于动态测试开始，动态测试的软件版本应该是静态测试发现的问题归零后的升级版本。如果动态测试发现的软件问题归因于违反编码规则问题(如浮点数判等、数组越界等)，则需要对这类问题进行原因分析。确认代码审查遗漏的原因，以及动态测试发现问题的测试用例的优点。

对此类持续改进工作可使用表 5-36 记录。

表 5-36　未发现编码规则类缺陷记录表

软件名称		版本	
软件缺陷描述			
违反的编码规则			
缺陷原因分析			
未发现原因分析			
动态测试用例发现问题的原因分析			

4. 改进方法 4：分析系统测试发现的软件缺陷

在全部配置项测试通过的情况下，如果系统测试仍然发现了软件问题，则需要进行专门的原因分析，确认配置项测试未发现问题的原因。

对此类持续改进工作可使用表 5-37 记录。

表 5-37　配置项测试未发现缺陷记录表

软件名称		版本	
软件缺陷描述			
缺陷原因分析			
未发现原因分析			
系统测试发现问题的原因分析			

习题

1. 简述黑盒测试用例设计方法及其每种方法能够解决的问题。
2. 什么情况下开展状态转换边界测试？
3. 简述因果图法和等价类划分法的用途差异。
4. 简述判定表驱动法的基本使用方法。
5. 简述正交试验法的使用场景。

第6章 测试说明主要内容

6.1 概述

测试说明是测试设计与实现活动生成的工作产品，记录测试设计与实现活动输出的工作成果。

测试设计与实现活动的依据是软件测评大纲(或软件测试计划)。

软件测评大纲明确了测试对象、测试的充分性要求(测试广度/测试项和测试深度/测试点)、测试方法和测试环境等。

测试设计与实现主要面向测评大纲提出的测试深度(测试点)要求，给出测试解决方案，即采用有效的测试用例设计方法，编写实现充分的测试用例。

可见，测试设计活动的关键是确保测试用例的充分性。测试设计人员必须掌握黑盒测试用例设计方法，才可能保证所设计的测试用例充分、有效。

测试用例充分性的评价标准是无冗余、无遗漏，即不少也不多；也可以用对源代码的覆盖程度(语句覆盖、分支覆盖、条件覆盖等)评价，但如果以这种方式评价，必须先保证源代码实现了需求的规格说明要求，否则可能出现一些测试用例没有可覆盖的源代码的情况。

6.2 测试用例设计

测试用例是针对测评大纲提出的测试点的解决方案，因此在测试说明文档中，主要内容应该依从测评大纲对测试项的组织方式，以测试项或测试类型为主线组织相应章节。在每个测试项章节下，针对该测试项下的全部测试点，说明所设计的测试用例的相关信息，如表 6-1 所示。

表 6-1 测试用例设计表

序号	测试点	测试用例名称	测试用例标识	测试用例设计方法	准备的测试数据

之后，以测试点为主线组织后续章节，需要进一步说明每个测试点所采取的测试用例设计方法的具体应用情况。通过对具体应用情况的说明，明确所设计的测试用例的充分性。例如

(1) 对正交试验法，说明正交因素，用正交试验表说明选取的测试用例。

(2) 对因果图法，用图示说明输入和输出的因果关系，以及选取的测试用例。

(3) 对判决表法，用判决表说明选取的测试用例。

一个典型的测试说明章节的组织方式如下。

X. 测试内容

X.1 测试项 1

X.1.1 测试子项 1/功能测试/子项标识

采用下表说明该测试子项下的所有测试点的测试用例设计信息。

表 x-x 测试用例设计表

序号	测试点	测试用例名称	测试用例标识	测试用例设计方法	准备的测试数据	备注
						具体测试用例见附件 x

X.1.1.1 测试点 1 的测试用例设计方法应用说明

例如等价类划分法应用说明如下。

1. 对输入域建立等价类表

序号	输入条件	有效等价类	无效等价类

2. 设计测试用例

序号	输入数据	覆盖等价类	输出数据

X.1.1.n 测试点 n 的测试用例设计方法应用说明

6.3 测试用例

6.3.1 概述

测试用例包含的主要要素如下，测试用例的模板见表 6-2。

(1) 测试用例名称/标识；

(2) 测试用例概述；

(3) 测试用例设计方法；

(4) 初始化要求；

(5) 约束条件；

(6) 终止条件；

(7) 测试步骤，每一步需要说明以下内容。

- 输入及操作说明；
- 期望测试结果；
- 评估准则。

表 6-2　测试用例模板

<table>
<tr><td colspan="3">测试用例名称</td><td colspan="4"></td><td>标识</td><td></td></tr>
<tr><td colspan="3">测试用例概述</td><td colspan="6"></td></tr>
<tr><td colspan="3">测试用例设计方法</td><td colspan="6"></td></tr>
<tr><td colspan="3">初始化要求</td><td colspan="6"></td></tr>
<tr><td colspan="3">约束条件</td><td colspan="6"></td></tr>
<tr><td colspan="3">终止条件</td><td colspan="6">正常终止条件：
异常终止条件：</td></tr>
<tr><td colspan="9">测试步骤</td></tr>
<tr><td>序号</td><td colspan="3">输入及操作说明</td><td colspan="2">期望测试结果</td><td colspan="2">评估准则</td><td>实际测试结果</td></tr>
<tr><td>1</td><td colspan="3"></td><td colspan="2"></td><td colspan="2"></td><td></td></tr>
<tr><td>2</td><td colspan="3"></td><td colspan="2"></td><td colspan="2"></td><td></td></tr>
<tr><td colspan="2">测试人员</td><td colspan="3"></td><td colspan="3">执行日期</td><td></td></tr>
<tr><td colspan="2">测试监督员</td><td colspan="3"></td><td colspan="3">被测软件版本</td><td></td></tr>
<tr><td colspan="2">测试结论</td><td colspan="3">通过/不通过</td><td colspan="3">问题单标识</td><td></td></tr>
</table>

6.3.2 测试用例名称和标识

测试用例名称要求能清晰表述测试用例的用途(覆盖的测试点)和性质(如有效

值、无效值、边界值等)。

在一个测试项目中，测试用例名称和标识都应该是唯一的。不推荐将“测试项名称”加上数字流水号作为测试用例名称，如自检功能-1、自检功能-2。正确的测试用例名称应写为“上电自检——自检内容全部正常”“上电自检——自检内容部分正常”等。

6.3.3 测试用例概述

这是指简要描述测试目的和所采用的测试方法。

测试目的是指测试点，即测试用例需要验证的测试点。

测试方法——测试输入数据产生方法。主要是指测试用例的测试输入的来源，如陪测软件模拟产生、磁盘文件、预先导入数据库、测试工具产生、人工键盘输入等。

测试方法——测试输出数据验证方法。主要是指验证测试用例的输出数据正确性的方法，如示波器测量、CANTest 测试工具捕获、与 MATLAB 计算结果比对等。

6.3.4 设计方法

这是指黑盒测试用例的设计方法，通常包括等价类划分、边界值分析、猜错法、因果图、功能图、判决表和正交试验法等。

6.3.5 初始化要求

测试用例的初始化要求包括硬件配置、软件配置(包括测试的初始条件)、测试配置(如用于测试的模拟系统和测试工具)、参数设置(如测试开始前对断电、指针、控制参数和初始化数据的设置)等的初始化要求。

- 初始化要求中的硬件配置、软件配置、参数配置的初始化要求是指被测软件的初始化要求；
- 初始化要求中的测试配置是指测试环境中陪测设备、测试工具的初始化要求。

需要强调的是，此处的初始化要求是针对测试用例，而不是针对被测软件。很多测试人员编写测试用例时，经常将“软件正常上电”“网络通信正常”等作为测试用例初始化要求，遗漏真正的初始化要求，造成了后续需要测试用例复现执行时，执行的初始条件不详的情况。

1) *硬件配置初始化要求*

这是指测试用例执行前，部署/运行软件的硬件的初始化要求，如串口波特率、引脚状态等。

2) *软件配置初始化要求*

(1) 测试用例执行前，软件运行需要达到的状态(对应该用例的前置条件)。

(2) 测试用例执行前，需要对软件进行的参数设置。此类情况通常至少涉及软件的两类功能：一类是配置参数功能，另一类是测试用例对应的功能；即配置参数不是这个测试用例的测试目的，但它影响这个测试用例的执行。因此需要在测试用例初始化条件中说明事先配置的具体参数，这是测试人员最易于忽略的情况。

(3) 当软件存在配置数据文件且测试用例执行需要使用配置文件时，应说明配置数据文件的状态。

3) 参数配置初始化要求

(1) 当测试在仿真模式或调试模式下运行时，如果需要在某行设置断点，应明确设置断点的位置，如源程序文件名、模块名、行号。

(2) 当测试中需要插桩运行时，应明确须插桩的位置和插桩代码，如源程序文件名、模块名、行号。

(3) 需要完成逻辑测试时，应说明使用的是经测试工具插桩后的代码。

4) 测试配置初始化要求

这是指测试用例执行前，测试工具、陪测软件应该具备的初始化要求，以及需要准备的测试数据文件等。

(1) 测试需要使用事先构造的数据文件、输入文件、装订参数时，应说明具体的文件名称。

(2) 测试用例执行前，陪测软件应该达到的状态(如果必要)。

(3) 测试用例执行前，测试工具应该达到的状态(如果必要)。

6.3.6 约束条件

测试用例的约束条件主要包括某些特别限制、参数偏差或异常处理等，并要说明它们对测试用例的影响。

如果不满足约束条件，测试用例就无法正常执行。

6.3.7 终止条件

这是指测试用例的正常终止条件和异常终止条件。

正常终止条件通常是指测试执行完成，能够按照评估准则得到测试通过或不通过的结论。

异常终止条件通常是指在测试执行过程中，发生了异常情况，导致测试人员无法按照评估准则得到测试通过或不通过的结论。

6.3.8 测试执行步骤

测试执行步骤包括每一步的输入及操作说明、每一步的期望测试结果、每一步的评估准则以及实际测试结果。

1) 输入及操作说明

(1) 每一步所需的测试操作动作和输入的数据内容；切记以下两点。

① 如果第一步已经表明测试用例开始执行，则不要将测试环境的配置动作当作该测试用例的执行步骤。

② 测试用例的执行步骤是顺序排列的一系列相对独立的步骤，不应存在分支，若有分支的情况应拆分多个测试用例。

(2) 不同测试类型的测试用例的输入及操作说明要求不同。

① 对于输入接口测试用例，应按照接口协议在输入中给出具体的输入参数，如96 96 90 CC 03 00 01 A0 01 03 00 01 C5 3F。若按照接口协议，该帧数据量较大，在输入中可以只记录与本测试用例相关的参数；例如该用例只是测试命令字错误，则在输入中应说明输入错误命令字 0x90。

② 对于性能、余量测试用例，应描述执行该测试用例时的输入条件和应用场景，该场景应为最大负载场景。

③ 对于时间强度测试用例，不能简单描述运行了 N 小时，应选择几个时间点描述施加的输入条件和应用场景，其中应覆盖最大负载条件，描述出最大负载的情况。

④ 对于恢复性测试，应分步骤描述出故障发生、重启、恢复 3 个状态。

⑤ 对于安装性测试，应严格按照软件用户手册中的安装过程，分步骤描述每个安装步骤的安装情况。

⑥ 对于容量测试，应分步骤描述出：满足性能指标的输入量、按一定步长逐渐增加输入量直至出现错误、然后按一定步长减少输入量直至正常、……最终获得最高能力的点。在测试需求规格说明/定型(鉴定)测评大纲中应给出错误的明确定义，不能使用“运行到极限”“运行缓慢”等无法考核的词语，可参考的描述方法如“6s内屏幕不刷新态势”“出现丢包现象”等。

⑦ 对于强度测试，应分步骤描述出正常、降级、故障 3 个状态。推荐的步骤描述方式为：满足性能指标的输入量、按一定步长逐渐增加输入量直至出现降级、然后按一定步长继续增加输入量直至故障。在测试需求规格说明/定型(鉴定)测评大纲中应给出降级和故障的明确定义。

2) 期望测试结果

期望测试结果应有具体内容(如确定的数值、状态或信号等)，不应是不确切的概念或笼统的描述，如“较为困难”。

3) 实际测试结果

应如实记录测试结果，实际测试结果应有具体内容(如确定的数值、状态或信号等)，不应是不确切的概念或笼统的描述。

例如，对于性能测试用例，需要给出具体的测试结果，并按照测试计划或测评大纲中规定的次数，如实记录测试结果；应注意每个测试结果的小数位数应保持一致。如果采用文件记录的方式记录了一段时间内的测试结果(记录频点较密，数据量较大)，则需要对这些测试结果进行加工以得到最终的测试结果；应在实际测试结果中说明该数据文件的名称。

4) 测试结果评估准则

测试结果评估准则示例及说明见表 6-3。

表 6-3　测试结果评估准则说明

评估准则示例	说明
实际测试结果所需的精确度	如果实际测试结果的精确度不满足评估准则要求，则无法判断测试结论
允许的实际测试结果与期望结果之间差异的上、下限	如果实际测试结果落在允许的偏差内，则可以判断测试通过
时间的最大或最小间隔	如果实际测试结果记录的时间间隔满足评估准则要求，则可以判断测试通过
事件数目的最大或最小值	如果实际测试结果记录的事件数目满足评估准则要求，则可以判断测试通过
实际测试结果不确定时，重新测试的条件	应说明哪些异常情况需要重新测试，如多次执行的测试数据出现超过预期的跳变时
与产生测试结果有关的出错处理	应说明可能出现的异常情况以及对异常情况的处理方法。例如当出现软件不响应测试输入指令时，应检查串口测试工具链接状态或检查测试输入数据正确性等；以及当出现某种异常情况时，应终止该测试用例的执行

习题

1. 简述测试用例包含的要素。
2. 测试用例的初始化条件和约束条件分别指什么？
3. 简述测试执行步骤描述应注意的事项。
4. 一个合格的测试用例的评估准则是什么？
5. 性能测试用例应注意的事项包括哪些？

第7章

软件测试工作产品质量评价

7.1 软件测评大纲质量评价

软件测评大纲质量的主要评价项如下。

(1) 对被测软件的理解程度；

(2) 测试环境有效性；

(3) 测试策略合理性；

(4) 测试项分析的充分程度；

(5) 测试子项分析的充分程度和测试方法的可行性。

按照百分制进行量化评价；基于各评价项对软件测试需求分析活动的贡献程度，上述主要评价项的量化分值见表 7-1。

表 7-1 软件测评大纲质量评价项

评价项	分值
对被测软件的理解程度	20
测试环境有效性	15
测试策略合理性	15
测试项分析的充分程度	25
测试子项分析的充分程度和测试方法的可行性	25

7.1.1 对被测软件的理解程度

“对被测软件的理解程度”评价项包括的各个评价子项及其对应的评价内容见表 7-2。

表 7-2 “对被测软件的理解程度”评价项

评价子项	评价内容	分值
软件功能性能要求(10)	功能描述易于理解、描述准确	5
	功能、性能描述全面，无遗漏项	5
软件外部接口(10)	软件接口图、表描述准确全面，无遗漏接口项	5
	所有外部接口实体均在相应功能描述中体现	3
	所有外部接口实体描述正确，并且上下文一致	2

7.1.2 测试环境有效性

“测试环境有效性”评价项包括的各个评价子项及其对应的评价内容见表 7-3。

表 7-3 “测试环境有效性”评价项

评价子项	评价内容	分值
实验室测试环境(5)	所有测试子项的测试方法均在测试环境图中体现	1
	测试环境图、表描述一致	1
	陪测件、测试工具、测量工具用途描述清晰	1
	被测、陪测等软件版本明确，部署位置明确	1
	硬件设备数量明确	1
实装测试环境(5)	所有测试子项的测试方法均在测试环境图中体现	1
	测试环境图、表描述一致	1
	陪测件、测试工具、测量工具用途描述清晰	1
	被测、陪测等软件版本明确，部署位置明确	1
	硬件设备数量明确	1
测试数据要求(3)	需要预先准备的测试数据能够追溯到相关测试子项	1
	明确了需要预先准备的测试数据类型、规模等要求	2
测试环境差异分析(2)	明确了与实装硬件配置的差异	1
	分析了环境差异对测试结果的影响	1

7.1.3 测试策略合理性

“测试策略合理性”评价项包括的各个评价子项及其对应的评价内容见表 7-4。

表 7-4　“测试策略合理性”评价项

评价子项	评价内容	分值
与特定测试方法相关的策略(3)	策略不是具体测试方法，它可以包括以下内容：①对采取特殊(非常规)测试方法的原因描述合理；②对采用间接证明某项软件功能或性能的方法的有效性进行分析说明	3
对关键测试项的测试策略(10)	识别的 3～5 项关键测试项有效、合理	2
	对关键性能测试项分析了影响性能指标的因素，针对影响因素给出了测试场景	3
	对关键功能测试项分析了使用场景、处理逻辑(或算法)等，给出了测试方法，并针对测试充分性进行了有效分析	3
	对其他关键测试项(安全、强度等)分析了使用场景，给出了测试方法，并针对测试充分性进行了有效分析	2
与测试过程相关的策略(1)	包括：①存在测试顺序要求的测试项；②测试项之间的必要的关系说明(如某个测试项若执行不通过，其他哪些测试项暂停测试；某个功能与多个测试项相关，是在所有测试项下进行验证还是在某个测试项下进行验证等)	1
与特定测试内容相关的策略(1)	包括：对确定不进行测试的内容进行分析说明；对无法验证的内容进行分析说明	1

7.1.4　测试项分析的充分程度

“测试项分析的充分程度”评价项包括的各个评价子项及其对应的评价内容见表 7-5。

表 7-5　“测试项分析的充分程度”评价项

评价子项	评价内容	分值
测试项划分(5)	测试项划分准确，无遗漏测试项	2
	测试项之间没有重复的测试内容	2
	每个测试项下的测试类型选取合理	1
测试项描述(5)	测试项描述易于理解，反映了 3 点核心要素：谁在什么时机让软件干什么和软件最终输出什么	3
	测试项描述不应出现软件不能负责的事情	2
需求描述(15)	设计约束描述全面，包含了所有的输入/输出数据约束、处理逻辑、显示要求、业务规则、性能要求	8
	设计约束内容描述准确	6
	软件设计约束不应该涉及与本测试项无关的内容	1

7.1.5 测试子项分析的充分程度和测试方法的可行性

“测试子项分析的充分程度和测试方法的可行性”评价项包括的各个评价子项及其对应的评价内容见表 7-6。

表 7-6 “测试子项分析的充分程度和测试方法的可行性”评价项

评价子项	评价内容	分值
测试子项选取(5)	测试子项全面，覆盖测试项描述和设计约束中的相关功能、性能、接口等要求，无遗漏项	3
	选取的测试子项应该和测试项描述或软件设计约束的要求相关，不应该孤立存在	2
子项的测试方法(5)	测试方法描述了测试输入数据生成方法	2
	测试方法描述的测试输入数据生成方法合理可行，能够确保测试人员控制测试数据的内容、格式等	1
	测试方法描述了测试输出数据验证方法	1
	测试方法描述的测试输出数据验证方法合理可行，能够确保测试人员有效验证输出的数据	1
子项的测试点(15)	测试点覆盖了测试项描述的全部功能需求	5
	测试点覆盖了软件设计约束中的全部内容	5
	测试点考虑了可能存在的异常情况	5

7.2 软件测评报告质量评价

软件测评报告质量的主要评价项如下。

(1) 与大纲要求的符合性说明；

(2) 测试过程说明；

(3) 测试过程出现的问题说明；

(4) 测试结果说明；

(5) 软件问题说明；

(6) 测试结论说明。

按照百分制进行量化评价；基于各评价项对软件测试活动结果的重要程度，上述主要评价项的量化分值见表 7-7。

表 7-7　软件测评报告质量评价项

评价项	分值
与大纲要求的符合性说明	20
测试过程说明	15
测试过程出现的问题说明	15
测试结果说明	10
软件问题说明	20
测试结论说明	20

7.2.1　与大纲要求的符合性说明

“与大纲要求的符合性说明”评价项包括的各个评价子项及其对应的评价内容见表 7-8。

表 7-8　“与大纲要求的符合性说明”评价项

<table>
<tr><th>评价子项</th><th>评价内容</th><th>分值</th></tr>
<tr><td rowspan="5">环境符合性说明(5)</td><td>被测软件运行环境符合性</td><td>1</td></tr>
<tr><td>陪测软件及其版本符合性</td><td>1</td></tr>
<tr><td>测试/测量设备符合性</td><td>1</td></tr>
<tr><td>陪测设备符合性</td><td>1</td></tr>
<tr><td>测试数据符合性</td><td>1</td></tr>
<tr><td rowspan="2">测试项符合性说明(5)</td><td>有无增/减/改测试项</td><td>3</td></tr>
<tr><td>有无修改测试方法</td><td>2</td></tr>
<tr><td rowspan="3">上述内容若有偏差，对测试结果的影响分析(10)</td><td>分析有针对性</td><td>2</td></tr>
<tr><td>分析有推理过程，逻辑清晰、准确</td><td>5</td></tr>
<tr><td>给出了具体影响结论</td><td>3</td></tr>
</table>

7.2.2　测试过程说明

“测试过程说明”评价项包括的各个评价子项及其对应的评价内容见表 7-9。

表 7-9 “测试过程说明”评价项

评价子项	评价内容	分值
过程按轮次说明(10)	每个测试轮次分别说明，过程清晰完整	2
	每个轮次的测试影响域分析过程能够体现原因和结果：分析内容包括受影响测试项是否发生了需求变更、设计变更。针对变更，是否增/减/改测试用例及其具体数量	4
	说明每个轮次未执行测试用例的原因，及最终是否执行等情况	4
软件版本说明(5)	每个轮次的被测件版本和文档版本是否正确	3
	每个轮次的软件版本升级是否连续，若不连续，是否有说明	2

7.2.3 测试过程出现的问题说明

“测试过程出现的问题说明”评价项包括的各个评价子项及其对应的评价内容见表 7-10。

表 7-10 “测试过程出现的问题说明”评价项

评价子项	评价内容	分值
测试问题说明(6)	因测试环境导致的测试问题	2
	因测试数据导致的测试问题	2
	因测试人员执行方法或步骤导致的测试问题	2
若有问题，对测试结果的影响分析(9)	分析有针对性	3
	分析有推理过程，逻辑清晰、准确	3
	给出了具体影响结论	3

7.2.4 测试结果说明

“测试结果说明”评价项包括的各个评价子项及其对应的评价内容见表 7-11。

表 7-11 “测试结果说明”评价项

评价子项	评价内容	分值
每个轮次的统计数据正确性(5)	测试用例执行统计数据正确性	2
	软件问题数量统计数据正确性	3
软件问题数量和问题追踪表的一致性(5)	问题数量是否一致	2
	每个等级的问题数量是否一致	3

7.2.5　软件问题说明

“软件问题说明”评价项包括的各个评价子项及其对应的评价内容见表 7-12。

表 7-12　“软件问题说明”评价项

评价子项	评价内容	分值
问题描述(5)	软件问题描述是否准确、无歧义	3
	软件问题的等级是否符合测评大纲的定义	2
问题整改(10)	软件问题的原因分析是否针对软件问题	5
	软件问题的整改措施是否针对原因分析、有效	5
问题追踪的测试用例情况(5)	软件问题追踪多个测试用例时，是否在软件问题中描述了对应的多个测试用例发现的现象	2
	软件问题追踪多个测试用例时，是否存在冗余测试用例情况	2
	软件问题追踪性能测试用例时，是否存在记录的测试结果无法证明性能指标要求的情况	3
遗留问题说明	如果有遗留软件问题，应说明遗留原因	

7.2.6　测试结论说明

“测试结论说明”评价项包括的各个评价子项及其对应的评价内容见表 7-13。

表 7-13　“测试结论说明”评价项

评价子项	评价内容	分值
对软件需求规格说明的追踪(10)	软件需求规格说明第 3 章的 CSCI 能力需求全部追踪	3
	对指标性要求有详细测试数值(单位)，且数值合理(无偏差过大情况)，能够直接证明性能指标	5
	测试结论为“达标”或“满足”；测试结果为说明性文字	2
对研制总要求的追踪(10)	研制总要求追踪章节和内容应原文复制	2
	研制总要求追踪章节和内容不能跳跃	2
	研制总要求的指标类要求追踪时必须有具体测试数值	3
	研制总要求功能性要求追踪时，应具体说明该功能涉及的软件，不能照抄研制总要求内容	3

7.3　软件测试用例质量评价

软件测试用例质量的主要评价项如下。

(1) 测试用例设计方法有效性；

(2) 测试用例要素准确性；

(3) 测试用例执行步骤准确性。

按照百分制进行量化评价；基于各评价项对软件测试设计活动的贡献程度，上述主要评价项的量化分值见表 7-14。

表 7-14　软件测试用例质量评价项

评价项	分值
测试用例设计方法有效性	50
测试用例要素准确性	20
测试用例执行步骤准确性	30

7.3.1　测试用例设计方法有效性

“测试用例设计方法有效性”评价项包括的各个评价子项及其对应的评价内容见表 7-15。

表 7-15　“测试用例设计方法有效性”评价项

评价子项	评价内容	分值
总体有效性(30)	千行代码测试用例数量	5
	功能测试用例与测试子项数量占比	5
	功能测试用例与测试点数量占比	5
	关键功能测试项的测试用例数与代码规模比例	5
	对识别的测试点全部覆盖	5
	其他测试类型的测试用例有效	5
测试用例设计方法(20)	抽查的设计方法对测试点有效占比	5
	抽查的设计方法的应用说明正确占比	5
	抽查的设计的测试用例数量合理占比	5
	抽查的设计的测试用例能够覆盖测试点要求占比	5

7.3.2　测试用例要素准确性

“测试用例要素准确性”评价项包括的各个评价子项及其对应的评价内容见表 7-16。

表 7-16　“测试用例要素准确性”评价项

评价子项	评价内容	分值
测试用例名称(5)	测试用例名称能够表明测试目的	3
	测试用例名称符合规范性要求	2
测试用例概述(6)	测试输入数据生成方法描述清晰、准确	3
	测试输出数据验证方法描述清晰、准确	3
测试用例初始化条件(4)	硬件配置描述清晰、准确	1
	软件配置描述清晰、准确	1
	参数设置描述清晰、准确	1
	测试配置描述清晰、准确	1
测试用例约束条件(3)	特别限制、参数偏差描述清晰、准确	1
	异常处理情况描述清晰、准确	1
	约束对测试用例的影响描述清晰、准确	1
测试用例终止条件(2)	正常终止条件描述清晰、准确	1
	异常终止条件描述清晰、准确且具备针对性	1

7.3.3　测试用例执行步骤准确性

“测试用例执行步骤准确性”评价项包括的各个评价子项及其对应的评价内容见表 7-17。

表 7-17　“测试用例执行步骤准确性”评价项

评价子项	评价内容	分值
每一步的输入及操作说明(10)	输入数据详实	5
	输入数据有效，符合测试用例目的	5
每一步的期望测试结果(10)	期望测试结果描述具体	5
	期望测试结果描述清晰、无歧义	5
每一步的评估准则(10)	评估准则描述正确	5
	评估准则描述清晰、无歧义	5

ꕥ 第8章 ꕥ

测试需求分析案例

8.1 嵌入式软件测试需求分析案例

8.1.1 功能测试需求分析案例

1. 频率源软件——频点配置

改进前的测试项见表 8-1。

表 8-1 频点配置(改进前)

测试项名称	频点配置	测试项标识	GN-001	优先级	高
追踪关系	软件需求规格说明：3.2.3				
需求描述	软件将配置字依次写入某器的寄存器。将配置字写入寄存器后，每 2ms±0.1ms 检测一次锁定指示，若连续 6 次检测锁定指示为低，则重新写入配置字 1. 正确配置字为：0x00000000、0x00000040 2. 配置成功后电频单元输出 XX 波段点频信号 3. 频点配置失败，则循环发送频点配置，直至成功				
测试项描述	测试软件频点配置实现的正确性				
测试方法	将配置字写入依次写入程序后，编译程序，通过频谱分析仪捕捉输出的对应频点				
测试充分性	1. 正常情况 (1) 按顺序依次写入配置字 (2) 各配置字间隔延时后写入配置字 (3) 连续 6 次锁定指示为低 2. 异常情况 (1) 单个配置字错误 (2) 配置字全部错误				

(续表)

测试项名称	频点配置	测试项标识	GN-001	优先级	高
通过准则	1. 正常情况下，软件频点配置正常 2. 异常情况下，软件频点配置异常				
测试终止条件	1. 正常终止：测试项相关的测试用例全部执行 2. 异常终止：相关测试用例执行过程中，出现无法恢复的异常				

案例点评：

本案例是针对频点配置的功能测试，该测试项中主要存在的问题如下。

1) 需求描述存在的问题

需求描述主要描述被测软件干什么，需要明确以下内容：谁(who)在什么时机(when)通过什么接口(where)激励软件干什么事(what)，软件依据什么干事，干完这件事得到什么结果，以及业务规则、性能指标、数据约束等。

通过对该测试项中需求描述的分析，发现存在的问题如下。

(1) 缺少激励源的描述，即谁要求软件做这件事情。

(2) 缺少激励时机描述(是周期性激励还是触发性激励)。

(3) 缺少写入寄存器的地址描述。

(4) 缺少输入的描述，如锁定指示的来源以及数据约束。

(5) 描述了被测软件不知道的事情。如“配置成功后电频单元输出 XX 波段点频信号”，事实上，电频单元做什么事情，被测软件是无法知道的。

(6) 照抄软件需求导致对功能的异常处理描述存在歧义。如“频点配置失败，则循环发送频点配置，直至成功”“将配置字写入寄存器后，每 2ms±0.1ms 检测一次锁定指示，若连续 6 次检测锁定指示为低，则重新写入配置字”。这两条均是想表述频点配置失败后软件的处理逻辑，但前后不一致。

2) 测试充分性存在的问题

测试充分性是要说明在哪些点(也就是每种(类)输入数据或每种(类)输出数据所对应的情况)上，能够证明软件正确实现了需求描述中软件应该干的事情。

通过对该测试项中测试充分性的分析，发现存在的问题如下。

(1) 第一个测试点(“按顺序依次写入配置字”)描述的是软件需求(软件应该干什么)，而不是需要在哪些点上证明软件能够正确实现它应该干的事情。

(2) 第二个测试点(“各配置字间隔延时后写入配置字”)是毫无意义的测试，因为该功能需求不处理这种情况。

(3) 没有测试并判断采集周期(2ms±0.1ms)和周期数(6 个采集周期)的正确性。

(4) 因为需求描述不完备、不准确，所以很难保证测试点的充分性。如目前的充分性分析中仅考虑了最基本的处理逻辑：连续 6 次采集锁定指示信号为低则重新写入。未分析出软件实际运行时可能会发生的每种输入情况和输出情况。

通过与开发方沟通，得到完备的需求如下。

该软件用例(功能)的主执行者是时间。

基本流程如下。

① 初始化后，向某器的寄存器写入配置字；

② 延迟 2ms，等待某器输出指示信号拉高；

③ 以 2ms±0.1ms 周期采集某器输出的锁紧指示信号；

④ 检查采集到的指示信号，若连续 6 次为低电平，则认为配置失败，重新写入配置字；

⑤ 循环④和⑤。

对应的源代码如下。

```
void Pdpz(void)
{
    uint8_t LD_zsxh=0，x=0;
    Initial_PZZXR(Par_pzz);/              //初始化完成后，写入配置字
    delay(2000);                          //延迟 2ms，等待指示信号拉高
    LD_zsxh = GPIO_Getzsxh(GPIOA, LD1_PIN);
    while(1)
    {
        delay(2000);                      //延迟 2ms
        LD_zsxh = GPIO_Getzsxh(GPIOA, LD1_PIN);  //采集指示信号
        if(LD_zsxh == 0)     x++;         //指示信号低，累计
        else    x=0;                      //指示信号高，计数清零
        if(x>=6)                          //判断是否累计连续 6 个周期为低
        {
            Initial_PZZXR(Par_pzz);   //重新写入
            x = 0;                    //重新写入后清零
        }
    }
}
```

依据以上源代码不难看出在进行充分性分析时需要作一些补充考虑。

(1) 考虑软件上电前指示信号为高的情况，验证在初始化完成后是否做配置字写入，而不是直接根据指示信号判断是否需要写入配置字；如果软件上电后直接根据指示信号判断是否需要写入配置字，此时某器输出的指示信号若有问题一直为高，就会导致软件不会给某器的寄存器写入配置字。

(2) 考虑软件是否对采集的锁定指示信号为低时进行计数的次数清零，如指示信号累计 6 个周期为低但不连续是否对计数清零、重新写入配置字后是否对计数清零。

(3) 考虑软件是否一直循环在判断锁定指示信号而不是只判断1次是否配置成功。

3) 测试方法存在的问题

测试方法需要描述产生激励源和输入数据的方法以及验证输出数据的方法，并且产生的输入数据一定是可以定量控制的，输出数据一定是可以定量验证的。

通过对该测试项中测试方法的分析，发现存在的问题如下。

(1) 产生输入数据的方法不明确，如软件采集的指示信号是如何产生的。

(2) 验证输出数据的方法不明确，如如何验证软件写入寄存器的配置字是正确的。

(3) 在测试方法中描述了软件应该做的事情。如“将配置字写入依次写入程序后”，这是软件自己干的事情，不属于测试方法。

(4) 测试方法描述的“通过频谱分析仪捕捉输出的对应频点”似乎是希望通过设备输出的频点证明软件写入的配置字是正确的，但未明确频谱仪捕获的是谁输出的频点，以及该频点和软件写入的配置字之间是什么关系。

4) 通过准则存在的问题

通过准则必须是可度量的(如确定的结果、数据、状态或信号等)，不应存在不确切的概念或笼统的描述(如启动成功、能正常转发等)，即描述不应该存在二义性。

另外，通过准则应该描述能够证明该测试项通过的证据，使得测试人员通过这些证据进行判断，给出测试项是否通过的结论。

通过对该测试项中通过准则的分析，发现存在的问题如下。

“软件频点配置正常”“软件频点配置异常”这样的描述是不可度量的。通过准则本身是要通过可度量的预期结果，使得测试人员能够得出软件频点配置功能是否正常的测试结论，而目前的描述已经给出测试结论，这样的通过准则在测试执行时毫无指导意义，因为实测结果没有可依据的评判标准。

改进后的测试项见表8-2。

表8-2　频点配置(改进后)

测试项名称	频点配置	测试项标识	GN-001	优先级	高
追踪关系	软件需求规格说明：3.2.3				
需求描述	软件初始化完成后，将固定的配置字(0x00000000、0x00000040)写入某器的寄存器从而对其实现频点配置；写入完成后，通过IO口周期(2ms±0.1ms)采集某器输出的指示信号判断频点配置是否成功，如果连续6个周期采集到的指示信号为低电平，则认为配置失败，重新写入配置字				
测试项描述	测试软件频点配置实现的正确性				
测试方法	使用信号发生器模拟某器输出指示信号(高低电平)；使用示波器捕获软件写入的配置字				

(续表)

测试项名称	频点配置	测试项标识	GN-001	优先级	高
测试充分性	1. 配置成功测试 (1) 软件上电时指示信号为高或低(说明：测试软件在初始化完成后无条件写入配置字，而不是根据指示信号判断是否需要写入配置字) (2) 指示信号累计 6 个周期(但不连续)为低(说明测试计数清零，else x=0) 2. 配置失败测试 (1) 初始化配置失败(说明：测试 if(x>=6)分支和判断周期数) (2) 初始化配置失败，连续 *n* 次写入失败后成功(说明：测试采集周期) (3) 初始化配置成功的 *n* 个周期后，连续 6 个周期为低(说明：测试采集周期和判断周期数)				
通过准则	1. 配置成功测试 示波器在软件上电时捕获到的配置字与要求一致，之后不再捕获到数据 2. 配置失败测试 (1) 示波器在软件上电后(2*6)±0.1ms 时捕获到的配置字与要求一致，之后不再捕获到数据 (2) 示波器在软件上电后(2*6*n)±0.1ms 时捕获到的配置字与要求一致，之后不再捕获到数据 (3) 示波器在软件上电后(2*6)±0.1ms 时捕获到的配置字与要求一致，之后(2*6*n)±0.1ms 时再次捕获到的配置字与要求一致，之后不再捕获到数据				

2. 某机构软件——控制机构升至顶端

改进前的测试项见表 8-3。

表 8-3　控制机构升至顶端(改进前)

测试项名称	控制机构升至顶端	测试项标识	GN-002	优先级	高
追踪关系	软件需求规格说明：3.2.1				
需求描述	软件控制某机构处于平台最顶端位置				
测试项描述	测试软件控制机构上升至平台顶端的正确性				
测试方法	上电后，查看软件是否控制某机构处于平台最顶端位置				
测试充分性	软件上电				
通过准则	机构处于平台最顶端位置				
测试终止条件	1. 正常终止：测试项相关的测试用例全部执行 2. 异常终止：相关测试用例执行过程中出现无法恢复的异常				

案例点评：

本案例为针对上电初始化后，软件控制机构上升至平台顶端的功能测试，在该测试项中主要存在的问题如下。

1) 需求描述存在的问题

(1) 缺少时机描述，未说明软件什么时候开始控制某机构。

(2) 缺少激励数据描述，未说明软件做这件事时依据什么数据控制机构。

(3) 缺少输出数据描述，未说明软件向谁输出什么数据以达到控制某机构处于平台最顶端位置。

(4) 缺少业务规则描述，未说明软件判断机构位置的方法。

2) 测试充分性存在的问题

测试点的主要来源是分析需求描述的内容，在该测试项中需求描述分析不到位，导致充分性中无测试点。

3) 测试方法存在的问题

测试方法是指产生输入数据的方法以及验证输出数据的方法，在该测试项的需求描述中未分析出输入内容和输出内容，故测试方法不明确；目前该测试项中写的测试方法仅是测试人员凭个人对该功能的理解想象出来的。

4) 通过准则存在的问题

由于该测试项的需求描述分析不到位，因此测试通过准则不明确。

通过和开发方沟通，获取完备的需求规格，改进后的测试项见表 8-4。

表 8-4　控制机构升至顶端(改进后)

测试项名称	控制机构升至顶端	**测试项标识**	GN-002	**优先级**	高
追踪关系	软件需求规格说明：3.2.1				
需求描述	初始化完成后，软件通过检测某传感器输出的电平信号判断某机构所处位置。若机构当前位置未处于平台最顶端或平台最底端位置，则向驱动电机输出电机驱动控制信号，控制某机构上升至平台最顶端位置 1. 某机构位置判断方法 (1) A 传感器输出低电平时，处于平台最顶端位置 (2) B 传感器输出低电平时，处于平台最底端位置 2. 如果检测到某机构在上升过程中电流互感器输出的电流大于 10A，则返回故障状态给上位机软件并控制停止上升 3. 上升过程中不响应任何指令				

(续表)

测试项名称	控制机构升至顶端	测试项标识	GN-002	优先级	高
测试项描述	测试控制机构升至顶端功能实现的正确性				
测试方法	1. 使用串口调试助手模拟上位机软件，捕获软件上报的某机构状态，并模拟向被测件发送指令 2. 使用示波器捕获软件输出的电机驱动控制信号 3. 使用程序插桩的方法，在控制某机构上升过程中逐渐改变电流互感器的电流至超限，模拟机构故障				
测试充分性	1. 正常情况 (1) 上电时某机构处于平台中间位置 (2) 上电时某机构处于平台最底端附近 (3) 上电时某机构处于平台最顶端附近 (4) 上电时某机构处于平台最顶端位置 (5) 上电时某机构处于平台最底端位置 (6) 上升过程中接收到上位机控制指令(上升、下降、停止) 2. 异常情况 (1) 上升过程中电流超限 (2) 电流超限后，接收到上位机的控制指令(上升、下降)				
通过准则	1. 正常情况下：①某机构处于平台最底端或最顶端位置时，示波器未捕获到电机驱动控制信号，其他情况下捕获到软件输出的驱动控制信号，并且某机构升至平台最顶端位置；②上升过程中，接收到下降、停止等指令时，某机构继续升至平台最顶端位置 2. 异常情况下：①串口调试助手捕获到故障状态；②示波器不再捕获到电机驱动控制信号；③某机构停止上升				
测试终止条件	1. 正常终止：测试项相关的测试用例全部执行 2. 异常终止：测试用例执行过程中机构硬件故障				

3. 伺服控制软件——自检功能

改进前的测试项见表 8-5。

表 8-5 自检功能(改进前)

测试项名称	自检功能	测试项标识	GN-001	优先级	高
追踪关系	软件需求规格说明：3.2.X				
需求描述	软件上电或接收到 A 软件发送的自检命令，对陀螺、旋变器状态进行检测，并向 B 软件上报自检结果 1. 陀螺 (1) 判断与陀螺通信状态 (2) 判断陀螺数据是否正常 2. 编码器 (1) 判断与编码器通信状态 (2) 判断编码器数据(俯仰数据、角速度)是否正常				
测试项描述	测试软件上电自检和指令自检功能实现的正确性				
测试方法	通过代码插桩设置与陀螺、编码器的通信状态及数据值，软件上电或使用串口调试助手模拟 A 软件向软件发送自检指令，并捕获软件发送的自检状态信息				
测试充分性	正常情况 (1) 所有检测项均正常 (2) 单个检测项异常 (3) 所有检测项均异常				
通过准则	软件上报的自检结果与设备实际状态一致				
测试终止条件	1. 正常终止：测试项相关的测试用例全部执行 2. 异常终止：相关测试用例执行过程中出现无法恢复的异常				

案例点评：

本案例为针对自检功能的功能测试，在该测试项中主要存在的问题如下。

1) 需求描述存在的问题

(1) 检测对象说法前后不一致。

前文描述对旋变器状态检测，后文描述对编码器状态检测。在进行测试需求分析时最忌讳针对同一个东西前后名称不一致，导致理解有误。

(2) 缺少输入数据的描述。

通过什么接口获取陀螺、编码器状态和数据？这些状态和数据具体包括什么内容？

(3) 缺少自检功能的业务逻辑。

未说明软件如何判断与陀螺、编码器的通信状态是否正常；也就是什么情况下软件认为与陀螺的通信状态为正常，什么情况下软件认为与编码器的通信状态为正常。

未说明软件如何判断陀螺数据、编码器数据是否正常；也就是什么情况下软件认为陀螺数据正常，什么情况下软件认为编码器数据正常。

(4) 缺少输出数据的要求。

未说明自检完成后输出的自检结果包含的内容以及相应约束。例如，该测试项描述中的自检结果是包括陀螺和编码器各自的自检结果，还是将二者自检结果综合后的结果；自检结果是只要正常或故障，还是需要陀螺和编码器各自具体的数据。

2) 测试充分性存在的问题

(1) 充分性中未对上电自检和命令自检分别开展测试。

上电自检和命令自检对于软件来说，其主执行者不同、自检时机不同，属于两个功能。

- 上电自检的主执行者是时间，上电后软件自动执行自检功能；
- 命令自检的主执行者是 A 软件，软件接收到指令后执行自检功能。

对这两个功能，软件有可能存在以下 3 种实现方式。

① 两种自检调用不同的自检函数实现；

② 两种自检下均是调用同一个自检函数；

③ 上电自检时调用自检函数，但命令自检时并未真正做自检，仅是将上电自检的自检结果上报。

如果测试需求分析人员错认为这是同一个功能，仅在上电自检时考虑了各种自检情况，对于命令自检仅验证指令响应的正确性，那么当软件实际按照第一种方式或第三种方式实现自检功能时，按现有测试点执行测试可能无法发现命令自检的问题。

(2) 未考虑自检结果是否更新。

需要考虑上电自检的自检结果为正常时，若陀螺出现故障，再进行命令自检，验证此时上报的自检结果是否正确。

需要考虑第一次命令自检结果为正常时，若陀螺出现故障，再进行命令自检，验证此时上报的自检结果是否正确。

3) 测试方法存在的问题

在测试方法中构造输入数据时，未从软件输入端的源头构造。

通信状态是软件通过对实际的通信情况判断后得来的结果，数据值也是软件通过实际接收解析得来的结果，但在测试方法中描述为“通过代码插桩设置与陀螺、编码器的通信状态及数据值”。直接插桩设置通信状态和数据值无法测试到软件自身对通信状态判断的正确性，以及软件对数据值解析的正确性，会导致测试不充分。

改进后的测试项见表 8-6。

表 8-6　自检功能(改进后)

<table>
<tr><td>测试项名称</td><td>自检功能</td><td>测试项标识</td><td>GN-001</td><td>优先级</td><td>高</td></tr>
<tr><td>追踪关系</td><td colspan="5">软件需求规格说明：3.2.X</td></tr>
<tr><td>需求描述</td><td colspan="5">软件上电后或接收到 A 软件发送的自检命令时，依据 C 软件发送的陀螺、编码器数据进行状态检测，检测完成后向 B 软件上报自检结果
1. 陀螺状态检测
(1) 陀螺通信状态：软件周期(1s)接收 C 软件发送的陀螺数据，若连续 5s 未收到陀螺数据，判断通信状态异常
(2) 陀螺数据状态：软件接收到 C 软件发送的陀螺数据在[x,y]范围内时，判断陀螺数据正常，否则异常
(3) 当陀螺通信状态和陀螺数据均正常时，则判断陀螺自检正常，否则异常
2. 编码器状态检测
(1) 编码器通信状态：软件周期(100ms)接收 C 软件发送的编码器数据，若连续 2s 未收到数据，判断编码器通信状态异常
(2) 编码器数据状态：软件接收到 C 软件发送的编码器数据在[a,b]范围内时，判断编码器数据正常，否则异常
(3) 当编码器通信状态和编码器数据均正常时，判断编码器自检正常，否则异常
3. 上报的自检结果
(1) 陀螺自检结果(正常、异常)
(2) 编码器自检结果(正常、异常)</td></tr>
<tr><td>测试项描述</td><td colspan="5">测试软件上电自检和命令自检功能实现的正确性</td></tr>
<tr><td>测试方法</td><td colspan="5">①通过串口调试助手模拟 C 软件向软件发送陀螺数据和编码器数据；②使用 CANTest 测试工具模拟 A 软件向软件发送自检命令；③使用网络调试助手模拟 B 软件捕获软件上报的自检结果</td></tr>
<tr><td>测试充分性</td><td colspan="5">1. 上电自检测试
(1) 陀螺检测
① 自检正常
② 自检异常
a) 通信状态异常
b) 陀螺数据异常
(2) 编码器检测
① 自检正常
② 自检异常</td></tr>
</table>

(续表)

测试项名称	自检功能	测试项标识	GN-001	优先级	高
测试充分性	a) 通信状态异常 b) 编码器数据异常 2. 命令自检测试 (1) 陀螺检测 ① 自检正常 ② 自检异常 a) 通信状态异常 b) 陀螺数据异常 (2) 编码器检测 ① 自检正常 ② 自检异常 a) 通信状态异常 b) 编码器数据异常 3. 自检结果更新测试 (1) 上电自检正常后，命令自检异常 ① 陀螺自检正常变为异常 ② 编码器自检正常变为异常 (2) 上电自检异常后，命令自检正常 ① 陀螺自检异常变为正常 ② 编码器自检异常变为正常 (3) 命令自检两次结果不同				
通过准则	网络调试助手捕获到软件上报的自检结果与构造的各种自检状态一致				
测试终止条件	1. 正常终止：测试项相关的测试用例全部执行 2. 异常终止：相关测试用例执行过程中出现无法恢复的异常				

4. 伺服控制软件——角度定点控制

改进前的测试项见表 8-7。

表 8-7　角度定点控制(改进前)

测试项名称	角度定点控制	测试项标识	GN-009	优先级	高
追踪关系	软件需求规格说明：3.2.X				
需求描述	软件接收上位机软件发送的定点角度控制指令，实时采集位置反馈信息并根据算法计算出 PID 输出值。根据 PID 输出值周期(10ms)更新 PWM 占空比，向电机发送 PWM 信号驱动电机转到定点位置，并向上位机上报工作状态				

(续表)

测试项名称	角度定点控制	测试项标识	GN-009	优先级	高
需求描述	1. 定点角度控制指令：-100°≤位置给定≤100°。如果位置给定<-100°，则按置位-100°处理；如果位置给定>100°，则按置位 100°处理 2. 位置反馈：-100°≤位置反馈≤100° 3. 软件执行最新指令 4. 周期上报状态信息包括：角度和工作模式				
测试项描述	测试角度顶点控制功能实现的正确性				
测试方法	在实装环境中，通过串口调试助手模拟上位机软件发送定点控制指令，捕获软件上报状态信息，观察电机转动后位置				
测试充分性	1. 正常情况 (1) 输入角度正常(覆盖每个参数的边界值、边界内值) (2) 在电机定点过程中发送待机指令 2. 异常情况 输入角度超范围(覆盖每个参数的边界外值)				
通过准则	第一种正常情况下，电机转到对应位置，串口调试助手实时接收到位置信息以及当前工作模式 第二种正常情况下，电机停止转动，串口调试助手接收到此时位置信息以及当前工作模式 异常情况下，电机转到最大或最小位置处，串口调试助手实时接收到位置信息以及当前工作模式				
测试终止条件	1. 正常终止：测试项相关的测试用例全部执行 2. 异常终止：相关测试用例执行过程中出现无法恢复的异常				

案例点评：

本案例为针对角度定点控制的功能测试，在该测试项中主要存在的问题如下。

1) 需求描述存在的问题

(1) 缺少输入数据源的描述，未明确从哪里采集位置反馈信息。

(2) 未明确采集到的位置反馈数据超范围后软件如何处理。

(3) 未明确软件是什么情况下执行最新指令。

(4) 未明确周期上报的状态信息中角度的范围。

(5) 未明确周期上报的工作模式包含哪几种，及软件依据什么且如何判断该上报哪种工作模式。

(6) 未明确软件输出的占空比范围是多少。

(7) 未明确软件在定点控制过程中再次接收到定点角度控制指令时软件如何处理。

2) 测试充分性存在的问题

(1) 测试点来源不明，测试点中提到的待机指令在需求描述中未说明；即需求中未说明测试点是如何分析得来的，以及对应的预期结果是依据什么给出的。

(2) 未考虑软件在执行定点控制过程中又接收到新的定点角度控制指令后软件的处理情况。

(3) 未考虑需求中提到的工作模式，以及这些不同工作模式的切换如何影响软件进行角度定点控制。

(4) 未考虑角度定点控制过程中若采集到的位置反馈数据超范围时软件如何处理。

(5) 未考虑软件输出的占空比是否正确且是否在范围内。

(6) 测试点中的“每个参数”在需求描述中未明确具体包含哪些参数。

(7) 需求描述中未分析软件的处理逻辑，如输入数据(位置反馈数据)和输出数据(PWM 信号)的关系，因此测试点过于简单，难以保证充分性。

3) 测试方法存在的问题

(1) 测试方法中的“观察电机转动后位置”描述不准确，观察的不是电机转动后的位置，是软件驱动电机转动，电机转动才带动天线装置转动。最终是观察天线装置转动后的位置。

(2) 缺少对软件输出的占空比测量。

4) 通过准则存在的问题

串口调试助手实时接收到位置信息和工作模式不能证明软件功能正确，捕获到只能证明软件发了，但不能证明软件发送的数据是正确的。

改进后的测试项见表 8-8。

表 8-8　角度定点控制(改进后)

测试项名称	定点角度控制	测试项标识	GN-009	优先级	高
追踪关系	软件需求规格说明：3.2.X				
需求描述	软件接收到上位机软件发送的定点角度控制指令后，进入定点模式，根据周期(5ms)采集旋转变压器输出的位置反馈信息，计算 PID 输出值。周期(10ms)更新 PWM 占空比，向电机输出 PWM 驱动控制信号带动电机转动，使天线装置转动到指定角度。转动到位后自动进入待机模式，输出的 PWM 占空比为 0。同时周期(10ms)将工作状态(定点、待机)和当前角度([−100°,100°])上报至上位机软件 1. 定点控制指令 包括定点角度：−100°≤角度≤100°；如果定点角度超过范围，则按范围边界值处理				

(续表)

测试项名称	定点角度控制	测试项标识	GN-009	优先级	高
	2. 位置反馈：-100°≤位置反馈≤100° (1) 如果采集到的位置反馈数据超范围，则采用上一周期采集的值进行计算 (2) 如果当前采集到的位置反馈与上个周期采集的位置相差大于 m°，则采用上一周期采集的值进行计算 (3) 采集位置反馈超范围值连续超过 25ms，则软件输出 PWM 的占空比为 0 3. 定点控制输出要求，输出的 PWM 占空比范围为(a,b)。 (1) 当误差大 Y 时，输出的占空比范围为(d,b) (2) 当误差在[X,Y]之间时，输出的占空比范围为[c,d] (3) 当误差小于 X 时，输出的占空比范围为(a,c) 4. 软件在定点控制过程中，若接收到新的定点控制指令，则按照新接收的指令进行控制执行				
测试项描述	测试角度定点控制功能实现的正确性				
测试方法	1. 在实装环境中，通过串口调试助手模拟上位机软件发送定点控制指令，捕获软件上报的状态信息，观察天线装置转动后位置 2. 通过示波器测量软件输出的 PWM 驱动控制信号 3. 通过代码插桩，模拟采集的位置反馈数据连续 25ms 异常情况 4. 采用代码走查的方法，验证采集的位置反馈数据超范围时，采用上一个周期数据计算的情况				
测试充分性	1. 正常情况 (1) 考虑当前位置和定点角度的关系：当前位置正常(-100°≤位置≤100°)时，定点角度覆盖以下情况 ① 定点角度考虑正常值(负数、正数) a) 考虑二者误差最大、最小 b) 考虑顺时针转动和逆时针转动 ② 定点角度考虑异常值(负数、正数) (2) 定点控制过程中接收到新定点控制指令 ① 角度与正在转动的角度一致 ② 角度与正在转动的角度不一致 a) 方向相反 b) 方向一致 2. 异常情况 (1) 控制过程中位置反馈连续 25ms 异常 (2) 控制过程中位置反馈累计 25ms 有误，但不连续				

(续表)

测试项名称	定点角度控制	测试项标识	GN-009	优先级	高
通过准则	1. 正常情况：①串口调试助手捕获到软件上报的状态信息中工作模式和位置反馈与实际情况一致，且天线装置转动到位后位置与定点角度保持一致；②示波器测量软件输出的 PWM 驱动控制信号的占空比范围正确 2. 异常情况：连续采集的位置反馈异常超过 25ms，示波器测量的 PWM 的占空比为 0				

5. 收放控制软件——收放控制

改进前的测试项见表 8-9。

表 8-9　收放控制(改进前)

测试项名称	收放控制	测试项标识	GN-009	优先级	高
追踪关系	软件需求规格说明：3.2.X				
需求描述	软件接收上位机软件通过 CAN 总线发送的“收”“放”控制指令，执行“收”“放”任务 1. 通过 CAN 总线及备用数字量输入通道接收“收”“放”控制指令 2. 当 CAN 通道堵塞或接收异常时，切换至备用数字量输入通道，以数字量输入为准。待 CAN 通道恢复正常后，切换回 CAN 通道，以总线数据为准				
测试项描述	测试收放控制功能实现的正确性				
测试方法	通过 CANTest 软件发送收放控制指令，通过备用数字量输入通道输入收放指令，捕获软件上报的状态信息				
测试充分性	正常情况 (1) CAN 指令收 (2) CAN 指令放 (3) IO 通道收 (4) IO 通道放				
通过准则	捕获到软件上报的状态信息正确				
测试终止条件	1. 正常终止：测试项相关的测试用例全部执行 2. 异常终止：相关测试用例执行过程中出现无法恢复的异常				

案例点评：

本案例为针对收放控制的功能测试，在该测试项中主要存在的问题如下。

1) *需求描述存在的问题*

(1) 该功能存在两种输入：CAN 数据指令和数字量通道信号，但需求描述中未明确数值通道信号取值。

(2) 未明确软件执行收放任务的具体动作，即软件做了什么，包括通过输出什么来达到收放目的。

(3) 未明确软件收放控制过程中什么时候会停止，也就是依据什么判断收到位或放到位。

(4) 未描述软件是如何判断 CAN 通道堵塞或接收异常的。

(5) 未说明软件通过数字量通道如何判断是收指令还是放指令。

(6) 未说明当收到位或放到位时软件后续如何处理。

(7) 未说明软件上报的状态信息包含什么，且在控制过程中什么情况下上报什么状态。

2) 测试充分性存在的问题

“没有设计的试验是无效的试验”，该测试项中的充分性仅考虑了软件有收和放的功能，并未考虑软件在实际使用时可能会出现的各种业务场景，以及指令执行优先级的判断；像此类的功能测试研发人员已进行数次的验证，需要测试人员用专业的测试需求分析能力来分析出典型的测试场景和业务场景。

3) 测试方法存在的问题

(1) 缺少构造输入的测试方法，未说明使用什么测试工具模拟向备用数字量输入通道输入收放指令。

(2) 缺少验证输出的测试方法，仅捕获查看软件上报的状态信息只能验证软件上报的状态是否正确，无法验证软件对某机构收或放控制的正确性。

4) 通过准则存在的问题

(1) 将通过准则描述为测试结论，如“捕获到软件上报的状态信息正确”是在描述测试结论。通过准则应该描述证据，使得测试人员通过实测结果和预期结果的比较判断得到实际测试结论。

(2) 通过准则不完整，缺少评判软件执行收或放指令的正确性的通过准则。

改进后的测试项见表 8-10。

表 8-10　收放控制(改进后)

测试项名称	收放控制	测试项标识	GN-009	优先级	高
追踪关系	软件需求规格说明：3.2.X				
需求描述	软件收到上位机软件通过 CAN 总线周期(100ms)发送的收/放指令或采集到的IO 通道收/放控制信号(收：高电平；放：低电平)，根据实时采集位置传感器的到位信号向电机输出相应的伺服驱动信号；在控制收/放过程中检测到位置传感器的收到位信号或放到位信号后停止收/放；同时向上位机软件周期(10ms)上报收放状态				

(续表)

测试项名称	收放控制	测试项标识	GN-009	优先级	高
需求描述	1. 控制指令优先级处理 (1) CAN 总线指令优先级高于 IO 通道信号优先级 (2) 若 100ms 内未收到上位机软件发送的指令，则根据采集到的收/放控制信号控制 (3) 当 CAN 总线恢复时，则根据上位机软件发送的收/放指令来控制 2. 上报的收放状态包含：收到位、放到位、正在放和正在收				
测试项描述	测试收放控制功能实现的正确性				
测试方法	通过 CANTest 软件模拟上位机软件周期发送收/放控制指令，同时捕获软件上报的收放状态，通过稳压电源模拟 IO 通道输入收/放控制信号				
测试充分性	1. 控制收测试 (1) CAN 指令有效 ① CAN 指令收，IO 通道收 ② CAN 指令收，IO 通道放 ③ 收过程中 a) 检测到收到位信号有效，放到位信号无效 b) 检测到放到位信号有效，收到位信号无效 (2) CAN 指令无效 ① IO 通道收 ② 收过程中 a) 检测到收到位信号有效，放到位信号无效 b) 检测到放到位信号有效，收到位信号无效 (3) 放过程中接收到收指令 2. 控制放测试 (1) CAN 指令有效 ① CAN 指令放，IO 通道放 ② CAN 指令放，IO 通道收 ③ 放过程中 a) 检测到放到位信号有效，收到位信号无效 b) 检测到收到位信号有效，放到位信号无效 (2) CAN 指令无效 ① IO 通道放 ② 放过程中 a) 检测到放到位信号有效，收到位信号无效				

(续表)

测试项名称	收放控制	测试项标识	GN-009	优先级	高
测试充分性	b) 检测到收到位信号有效，放到位信号无效 (3) 收过程中接收到放指令 3. 指令优先级测试 (1) CAN 指令收，IO 通道放 (2) CAN 指令放，IO 通道收 (3) IO 通道收的过程中 ① CAN 恢复正常，此时指令为收 ② CAN 恢复正常，此时指令为放 (4) IO 通道放的过程中 ① CAN 恢复正常，此时指令为放 ② CAN 恢复正常，此时指令为收				
通过准则	1. 控制收测试，某机构持续执行收操作，收的过程中 CANTest 周期(100ms)捕获的状态应为“正在收”；收到位后，捕获状态“收到位” 2. 控制放测试，某机构持续执行放操作，放的过程中 CANTest 周期(100ms)捕获的状态应为“正在放”；放到位后，捕获状态为“放到位” 3. 指令优先级测试，某机构按照 CAN 指令执行操作				
测试终止条件	1. 正常终止：测试项相关的测试用例全部执行 2. 异常终止：相关测试用例执行过程中出现无法恢复的异常				

6. FK 软件——数据装订

改进前的测试项见表 8-11。

表 8-11 数据装订(改进前)

测试项名称	数据装订	测试项标识	GN-007	优先级	高
追踪关系	软件需求规格说明：3.2.X				
需求描述	软件接收 FS 控制软件发送的 RWGH 数据后进行存储，且向其返回装订标志 1. RWGH 数据完整时返回装订成功标志，否则返回装订不成功 2. RWGH 数据在正常范围内时返回装订成功标志，否则返回装订不成功 3. 校验通过时返回装订成功标志；校验不通过的 RWGH 数据不接收，并返回装订不成功标志				
测试项描述	测试数据装订功能实现的正确性				
测试方法	通过 FS 控制软件发送不同的 RWGH 数据，查看 bin.dat 文件存储的 RWGH 数据与发送的是否一致，使用串口调试助手捕获被测软件发送的装订标志				

(续表)

测试项名称	数据装订	测试项标识	GN-007	优先级	高
测试充分性	正常情况 (1) 装订成功(数据完整、校验和正确、数据在正常范围内) (2) 装订失败(数据不完整、校验和错误、数据不在正常范围内)				
通过准则	各测试步骤、测试用例执行结果与预期一致，满足功能要求				

案例点评：

本案例为针对数据装订的功能测试，在该测试项中主要存在的问题如下。

1) 需求描述存在的问题

(1) 未描述清楚软件如何判断 RWGH 数据的完整性。

(2) 未描述清楚数据范围。

(3) 未描述清楚 RWGH 数据包含什么内容。

(4) 未说明存储要求，如存储的文件名称、每包数据是存储在同一个文件中、覆盖性存储还是累积性存储等。

2) 测试充分性存在的问题

(1) 测试点太简略，不能够指导测试设计人员设计充分的测试用例。

(2) 未考虑数据存储的要求，即软件每次将数据导入 bin.dat 文件时，是否将该文件内容先清零后再写入，以防止当新写入的数据长度小于原文件数据长度时，bin.dat 文件中留存了原文件数据。

(3) 未考虑软件存储 bin.dat 文件时，FLASH 中不存在该 bin.dat 文件，软件存储是否正确。

(4) 软件判断数据完整性、数据正确性时所有的判断处理在测试点中无任何体现，可见测试需求分析人员未从输入数据如何影响输出数据上考虑测试点。

3) 通过准则存在的问题

(1) 测试项的通过准则是测试用例设计的依据，是用来指导测试用例设计时制定每个步骤的预期结果的；不能反向用“各测试步骤、测试用例执行结果与预期一致”作为测试项的通过准则。

(2) 放之四海而皆准的通过准则是没有意义的，它没有提供任何有价值的信息；如果这种没有意义的通过准则描述是正确的，那么完全没有必要作为测试项的一个要素存在。

(3) 通过准则是需要提供软件正确实现相应功能的证据，即测试人员看到什么才能够证明软件功能实现正确。

改进后的测试项见表 8-12。

表 8-12　数据装订(改进后)

测试项名称	数据装订	测试项标识	GN-007	优先级	高
追踪关系	软件需求规格说明：3.2.X				
需求描述	软件接收 FS 控制软件发送的 RWGH 数据后对其进行完整性、正确性判断，若完整且正确则存储在 FLASH 中，并向其返回装订标志 1. RWGH 数据包含如下内容 (1) X 路径数据 ① 航点数量 3～20 个 ② 经度(0°～179.999999°)、纬度(0°～89.999999°)、高度(−100～750m)、磁偏角(0°～359.9°)…… (2) S 路径数据 ① 航点数量 4～10 个 ② 经度(0°～179.999999°)、纬度(0°～89.999999°)、高度(−100～750m)、磁偏角(0°～359.9°)…… ③ S 区域：1 个 (3) G 数据 ① 航点数量：4～10 个 ② 经度(0°～179.999999°)、纬度(0°～89.999999°) ③ G 区域：1 个 (4) A 数据 ① 航点数量：2～10 个 ② 经度(0°～179.999999°)、纬度(0°～89.999999°) (5) Z 点：经度(0°～179.999999°)、纬度(0°～89.999999°)、高度(−100～750m)、Z 方位(0°～320°) (6) M 参数：1～10 个 2. 软件对 RWGH 数据的处理要求 (1) 数据包校验通过、数据包中存在上述六类数据且均在数据范围内时，软件判断数据完整且正确 (2) 若不满足上述要求，返回存储失败标志 3. 存储要求 (1) 保存在 FLASH 中的文件名为 bin.dat 的十六进制文件 (2) 若 FLASH 中不存在该 bin.dat 文件时，软件新建该文件 (3) 数据覆盖性存储，即新数据覆盖旧数据 (4) 存储成功后返回成功标志					
测试项描述	测试数据装订功能实现的正确性				

(续表)

测试项名称	数据装订	测试项标识	GN-007	优先级	高
测试方法	通过串口调试助手模拟 FS 控制软件发送不同的 RWGH 数据，查看 bin.dat 文件存储的 RWGH 数据与发送的是否一致，并捕获被测软件发送的装订标志				
测试充分性	1. 装订成功情况 (1) 完整的 RWGH 数据，覆盖六类数据的有效值、边界 (2) 多次接收 RWGH 数据 ① 原航点数少，新航点数多 ② 原航点数多，新航点数少 ③ 重复接收保存 (3) FLASH 文件中缺少 bin.dat 2. 装订失败情况——数据异常 (1) 数据包校验和错误 (2) 航点数总数超范围 (3) 数据种类不全，但够 6 个 (4) 数据种类数量不为 6 个 (5) 存在超范围数据				
通过准则	1. 数据装订成功：①串口调试助手捕获装订成功标志；②bin.dat 文件中存储的数据与发送的一致 2. 数据装订失败：①串口调试助手捕获装订失败标志；②bin.dat 文件中的数据未变化				

8.1.2 性能测试需求分析案例

1. 某控制软件——上电自检时间

改进前的测试项见表 8-13。

表 8-13 上电自检时间(改进前)

测试项名称	上电自检时间	测试项标识	XN-001	优先级	高
追踪关系	软件需求规格说明：3.2.X				
需求描述	从上电开始到自检完成总时间不超过 30s				
测试项描述	对软件上电自检时间性能是否满足指标要求进行测试				
测试方法	软件上电时使用秒表开始计时，方位俯仰锁定零位后停止计时				
测试充分性	软件上电				
通过准则	测量结果小于 30s				

(续表)

测试项名称	上电自检时间	测试项标识	XN-001	优先级	高
测试终止条件	1. 正常终止：测试项相关的测试用例全部执行 2. 异常终止：相关测试用例执行过程中出现无法恢复的异常				

案例点评：

本案例为针对上电自检时间的性能测试，性能测试需要明确 4 个要素：测试场景、测试方法、测试次数(或时间)和通过准则。在该测试项中存在的主要问题如下。

1) 测试场景不充分

未考虑自检时间花费最长、自检逻辑最复杂的情况。

2) 测试方法不明确

(1) 性能测试如果选择多次测量的方式，一般针对不同的场景至少开展 5 次测试。

(2) 使用秒表计时的方法，需要明确测试人员如何判定“方位俯仰锁定零位”。

3) 通过准则不明确

未明确性能测试结果通过的评判依据，“测量结果小于 30s”是要求每次测量结果均须满足要求，还是取平均值或至少一次满足要求即可。

改进后的测试项见表 8-14。

表 8-14　上电自检时间(改进后)

测试项名称	上电自检时间	测试项标识	XN-001	优先级	高
追踪关系	软件需求规格说明：3.2.X				
需求描述	1. 从上电开始到自检完成总时间不超过 30s 2. 自检要求 软件上电后，根据 A 软件发送的陀螺数据、角度数据(方位、俯仰)采用 PID 算法计算出方位、俯仰电流发送至 A 软件，先后控制 DC 的俯仰、方位到达指定的角度，直至将方位、俯仰角度锁定在零度				
测试项描述	对软件上电自检时间性能是否满足指标要求进行测试				
测试方法	采用代码插桩方法，在自检函数中插入时间戳，开始时间 t0 为上电时间，结束时间 t1 为软件判断方位俯仰锁定零位后时间，输出时间戳至上位机；测试 5 次				
测试充分性	测试场景：将 DC 装置初始俯仰角度设置为 20°，方位角度设置为 180°(此时上电自检时俯仰角度旋转范围最大 260°，方位角度旋转范围最大 5*XX*°，花费时间最长)				
通过准则	5 次测量结果均小于 30s				
测试终止条件	1. 正常终止：测试项相关的测试用例全部执行 2. 异常终止：相关测试用例执行过程中出现无法恢复的异常				

2. 某机构软件——上电自检时间

改进前的测试项见表 8-15。

表 8-15　上电自检时间(改进前)

测试项名称	上电自检时间	测试项标识	XN-001	优先级	高
追踪关系	软件需求规格说明：3.2.X				
需求描述	上电自检时间不大于 10s				
测试项描述	对软件上电自检时间是否满足指标要求进行测试				
测试方法	软件上电后使用秒表开始计时，待某机构上升至平台最顶端位置时停止计时。覆盖以下几种情况，每种情况各测试 5 次				
测试充分性	1. 上电前某机构处于中间位置 2. 上电前某机构处于平台最底端附近 3. 上电前某机构处于平台最顶端附近				
通过准则	每次测试的时间均不大于 10s				
测试终止条件	1. 正常终止：测试项相关的测试用例全部执行 2. 异常终止：相关测试用例执行过程中出现无法恢复的异常				

案例点评：

本案例为针对上电自检时间的性能测试，在该测试项中存在的主要问题如下。

“没有科学的设计试验是低效试验”，性能测试需要寻找最复杂的场景，在最复杂的场景下性能指标能满足要求，才能充分证明该性能指标能够达标。

在该测试项中，测试需求分析人员未分析影响自检时间的因素，没有考虑“最坏”的自检情况，导致充分性中考虑的中间位置、最顶端附近是多此一举。

改进后的测试项见表 8-16。

表 8-16　上电自检时间(改进后)

测试项名称	上电自检时间	测试项标识	XN-001	优先级	高
追踪关系	软件需求规格说明：3.2.X				
需求描述	1. 上电自检时间不大于 10s 2. 自检要求 初始化完成后，软件通过检测某传感器输出的电平信号判断某机构所处位置，若机构未处于平台最顶端或平台最底端位置，则向驱动电机输出电机驱动控制信号，直至控制某机构上升至平台最顶端位置				
测试项描述	对软件上电自检时间是否满足指标要求进行测试				

(续表)

测试项名称	上电自检时间	测试项标识	XN-001	优先级	高
测试方法	采用代码插桩方法，在自检函数中插入时间戳，开始时间 t0 为上电时间，结束时间 t1 为软件判断某机构上升至平台最顶端位置，将时间戳上报上位机(串口调试助手模拟)，共测试 5 次				
测试充分性	测试场景：上电前某机构处于平台最底端附近(从低端升至顶端花费时间最长)				
通过准则	每次记录的上电自检时间均不大于 10s				
测试终止条件	1. 正常终止：测试项相关的测试用例全部执行 2. 异常终止：相关测试用例执行过程中出现无法恢复的异常				

8.1.3 接口测试需求分析案例

改进前的测试项见表 8-17。

表 8-17 与 A 软件的接口测试(改进前)

测试项名称	与 A 软件的接口测试	测试项标识	JK-001	优先级	高
追踪关系	软件需求规格说明：3.2.X				
需求描述	无				
测试项描述	对软件与 A 软件之间的接口进行接口测试				
测试方法	使用某测试工具软件发送异常报文，查看软件是否响应异常报文				
测试充分性	覆盖以下情况 (1) 帧头错误 (2) 数据长度错误				
通过准则	软件不处理该异常报文				
测试终止条件	1. 正常终止：测试项相关的测试用例全部执行 2. 异常终止：相关测试用例执行过程中出现无法恢复的异常				

案例点评：

本案例为与某软件的接口测试，在该测试项中存在以下问题。

1) 需求描述存在的问题

未说明接口协议。

2) 测试方法存在的问题

未明确如何验证软件未响应异常报文。

3) 通过准则存在的问题

“软件不处理该异常报文”是笼统的描述，不可度量。软件不处理异常报文最终表现在软件的输出上，故通过准则应聚焦在软件输出上。

改进后的测试项见表 8-18。

表 8-18　与 A 软件的接口测试(改进后)

测试项名称	与 A 软件的接口测试	测试项标识	JK-001	优先级	高
追踪关系	软件需求规格说明：3.2.X				
需求描述	接收 A 软件发送数据的通信协议如下 1. 帧头(第 0 字节)+数据字段(第 1~17 字节)+校验和(第 18 字节)+帧尾(第 19 字节) 2. 各字段值 (1) 帧头固定为 0xAA (2) 数据字段根据实际的测量值标定 (3) 校验和采用累加校验(0～17 字节累加取低 8 位) (4) 帧尾固定为 0xBB 3. 接收到 A 软件发送的不符合协议要求的异常数据时能够识别并做丢包处理				
测试项描述	测试与 A 软件的接口协议实现的正确性				
测试方法	通过某测试工具软件发送不符合协议要求的数据，并捕获软件是否对异常报文进行转发				
测试充分性	1. 帧头错误 2. 帧尾错误 3. 校验和错误 4. 帧长度错误				
通过准则	某测试工具软件未捕获到软件转发的异常报文				
测试终止条件	1. 正常终止：测试项相关的测试用例全部执行 2. 异常终止：相关测试用例执行过程中出现无法恢复的异常				

8.1.4　安全性测试需求分析案例

改进前的测试项见表 8-19。

表 8-19　电机保护(改进前)

测试项名称	电机保护	测试项标识	AQ-001	优先级	高
追踪关系	软件需求规格说明：3.2.X				
需求描述	软件根据 A 软件发送的陀螺数据进行判断，若陀螺数据异常时断开电机				
测试项描述	测试软件对电机保护功能实现的正确性				
测试方法	通过 A 软件发送陀螺数据，查看软件对异常数据是否响应				

(续表)

测试项名称	电机保护	测试项标识	AQ-001	优先级	高
测试充分性	1. 正常情况 2. 陀螺数据异常				
通过准则	电机断开				
测试终止条件	1. 正常终止：测试项相关的测试用例全部执行 2. 异常终止：相关测试用例执行过程中出现无法恢复的异常				

案例点评：

1) 需求描述存在的问题

(1) 未明确软件是如何判断陀螺数据异常的。

(2) 未明确软件是如何控制电机断开的。

2) 测试方法存在的问题

(1) 对输入数据的构造方法不正确，使用 A 软件无法发出异常的陀螺数据，测试数据无法满足要求。

(2) 缺少对输出数据的验证方法，未明确如何验证软件对异常数据的响应情况，不具有可测试性。

3) 测试充分性存在的问题

(1) 未考虑陀螺数据异常但不满足触发电机保护的情况。

(2) 未考虑触发电机保护后陀螺数据恢复正常的情况，缺少验证当数据恢复正常后软件对电机的控制是否恢复正常。

4) 通过准则存在的问题

“电机断开”是不可测量的，预期结果应为可测量的，也就是通过的是对软件输出测量后的结果。

改进后的测试项见表 8-20。

表 8-20 电机保护(改进后)

测试项名称	电机保护	测试项标识	AQ-001	优先级	高
追踪关系	软件需求规格说明：3.2.X				
需求描述	软件根据 A 软件发送的陀螺数据进行判断，若陀螺数据超过 200°/s 并连续超过 1 秒，软件判定陀螺数据异常，向电机输出使能断开信号(低电平)控制电机断开				
测试项描述	测试软件对电机保护功能实现的正确性				

(续表)

测试项名称	电机保护	测试项标识	AQ-001	优先级	高
测试方法	通过某测试软件模拟 A 软件周期发送异常陀螺数据，使用示波器测量软件输出的电机使能信号				
测试充分性	1. 未触发电机保护测试 (1) 陀螺数据超过 200°/s 但未超过 1 秒 (2) 陀螺数据未超过 200°/s 2. 触发电机保护测试 陀螺数据超过 200°/s 并连续超过 1 秒 3. 触发电机保护后陀螺数据恢复正常测试				
通过准则	1. 触发电机保护时，示波器测量到软件输出的电机使能信号为低电平 2. 触发电机保护后陀螺数据恢复正常或未触发电机保护时，示波器测量到软件输出的电机使能信号为高电平				
测试终止条件	1. 正常终止：测试项相关的测试用例全部执行 2. 异常终止：相关测试用例执行过程中出现无法恢复的异常				

8.2 非嵌入式软件测试需求分析案例

8.2.1 功能测试需求分析案例

1. 需求管理软件——需求数据导入

改进前的测试项见表 8-21。

表 8-21　需求数据导入(改进前)

测试项名称	需求数据导入	测试项标识	GN-001	优先级	高
追踪关系	XX 软件需求规格说明：3.2.1				
需求描述	软件解析用户导入的项目需求文档，根据文档排版或字体统计信息，自动进行条目化处理，处理文档中嵌入的图片、Visio 对象、表格等数据				
测试项描述	测试需求数据文档导入功能的正确性				
测试方法	通过软件系统界面，导入不同类型的需求文档，查看界面展示的解析结果，检查解析文档与原需求文档的一致性				
测试充分性	1. 正常情况。预期结果：需求文档被导入存储目录，被正确解析并作条目化处理 (1) 覆盖不同类型需求文档，用立项论证报告、研制总要求等 (2) 文档内嵌图片、Visio 对象、表格等				

(续表)

测试项名称	需求数据导入	测试项标识	GN-001	优先级	高
测试充分性	(3) 设置文档类型、所属项目、领域分类等属性信息 (4) 格式覆盖.doc(97-2003)、.docx、.xls(97-2003)、.xlsx、.wps 等 (5) 文件类型为用户需求表单，选择一个文件或选择多个文件 (6) 界面要素测试，包括必填/选填、长度、格式、下拉框选择，以及特殊要求等 2. 异常情况。预期结果：导入失败，弹框提示未成功导入的原因 (1) 文档格式不符合要求 (2) 文档过大 (3) 一次选择多个文件执行导入 (4) 界面要素不符合要求，如必填项不填写、超长、录入格式非法、特殊要求不满足等				
通过准则	各测试步骤、测试用例执行结果与预期一致，功能实现正确				

案例点评：

本案例为针对需求数据导入的功能测试，在该测试项中存在以下问题。

(1) 需求描述中未详细描述该功能的实现方式及设计约束。

(2) 测试方法中未详细描述测试输入数据的构造方法、测试输出结果的检查方法等。

(3) 预期结果描述没有准确描述功能正确执行后的软件状态及结果呈现方式，无法有效指导测试用例设计。

(4) 测试充分性中正常情况和异常情况考虑不聚焦，没有紧扣软件功能实现的策略及约束条件。

改进后的测试项见表 8-22。

表 8-22 需求数据导入(改进后)

测试项名称	需求数据导入	测试项标识	GN-001	优先级	高
追踪关系	软件需求规格说明：3.2.1				
需求描述	软件解析用户导入的项目需求文档，根据文档格式，自动进行条目化处理，对文档内的文本、图片、表格等读取并保存 (1) 导入文件格式支持*.doc、*.docx (2) 导入文件大小不能超过 20MB				
测试项描述	测试需求数据文档导入功能的正确性				
测试方法	预先准备测试所需的需求数据文件，通过人机界面操作，分别在人机界面和数据库中查看软件导入文件结果的正确性				

(续表)

测试充分性	1. 正常情况 (1) 覆盖*.doc、*.docx 类型的文件 (2) 需求文档内容考虑各种情况 ① 全文本、含图片、含表格、含自动编号、含 Visio 对象等各种情况 ② 无多级目录、含多级目录、含附录等各种情况 (3) 导入文档大小小于、等于 20MB 的情况 2. 异常情况 (1) 文档格式异常 (2) 文档条目异常 (3) 文档大小超过 20MB
通过准则	1. 正常情况：①软件显示所导入的需求文档名称、文档内容按章节显示、显示内容与导入文档一致；②数据库中存储的数据与文档内容一致 2. 异常情况：①软件给出错误提示；②数据库中未新增记录

2. 规划软件——飞行路径规划

改进前的测试项见表 8-23。

表 8-23　飞行路径规划(改进前)

测试项名称	飞行路径规划	测试项标识	GN-009	优先级	高
追踪关系	软件需求规格说明：3.2.X				
需求描述	软件支持任务规划员制作、保存飞行路径 1. 航点包括 (1) 经度(0°～179.999999°) (2) 纬度(0°～89.999999°) (3) 高度(−100～1500m) 2. 飞行路径最多 20 个航点，最少 3 个航点				
测试项描述	测试飞行路径规划功能实现的正确性				
测试方法	在软件界面点击飞行路径规划按钮打开路径规划对话框，点击增加航点，输入航点信息，查看软件路径规划功能的正确性。预期结果：软件保存的路径与界面输入的信息一致				
测试充分性	1. 增加航点 (1) 经度覆盖范围内值、范围外值 (2) 纬度覆盖范围内值、范围外值 (3) 高度覆盖范围内值、范围外值				

(续表)

测试充分性	(4) 航点数量覆盖 20 个，最少 3 个 2. 删除航点 (1) 有航点时删除 (2) 无航点时删除 (3) 点击删除后进入删除确认界面 (4) 在删除确认界面点击确定或取消 3. 插入航点 (1) 插入 1 个 (2) 连续插入多个
通过准则	各测试步骤、测试用例执行结果与预期一致，满足功能要求

案例点评：

本案例为针对飞行路径规划的功能测试，在该测试项中存在以下问题。

1) 需求描述存在的问题

(1) 未描述清楚软件进行路径规划时有什么约束条件，如规划的具体操作包括增加、删除、修改航点；路径是否可以闭环等。

(2) 缺少对输出的要求，在该测试项中路径规划的输出包括界面的图形化显示以及保存文件，缺少显示要求和保存文件要求的相关内容。

2) 测试方法存在的问题

测试方法中出现的“点击飞行路径规划按钮打开路径规划对话框”是测试用例的步骤。测试方法不是操作方法(步骤)，而是指产生输入数据的方法以及验证输出数据的方法。

3) 测试充分性存在的问题

(1) 充分性中的测试点主要来源是分析所得到的软件需求描述，由于需求描述中缺少约束条件、输出要求等，导致测试点非常不充分。

(2) 对需求描述中的“飞行路径最多 20 个航点，最少 3 个航点”的业务规则分析不充分性，未考虑增加航点时或插入航点时超过 20 个航点的情况，也未考虑保存规划好的路径中航点数量少于 3 个航点的情况。

(3) 针对参数的范围正确性仅在增加航点时考虑，未考虑在插入航点时、重新对已增加的航点进行编辑时参数范围的正确性。

(4) 测试点中在对选中的航点进行删除或插入时，未考虑选中的航点位置，如在第一个航点前后进行删除或插入、在最后一个航点前后进行删除或插入操作。

(5) 测试点中出现的“点击删除后进入删除确认界面”“在删除确认界面点击确定或取消”属于测试用例中的内容，并非测试点；测试点是用来指导测试用例设计的。另外，“点击删除后进入删除确认界面”应该属于某个测试用例的某个步骤的预期结果；“在删除确认界面点击确定或取消”属于某个测试用例的某个步骤的操作。

(6) 该测试项中“地图拾点”的正确性需要单独测试。地图拾点是指软件将鼠标位置(屏幕直角坐标)转换成地理坐标(经纬度)，其正确性需要通过代码走查的方法验证，不在这里描述。

4) 通过准则存在的问题

通过准则是需要提供软件正确实现相应功能的证据，即测试人员看到什么才能够证明软件功能实现正确。

改进后的测试项见表 8-24。

表 8-24 飞行路径规划(改进后)

测试项名称	飞行路径规划	测试项标识	GN-009	优先级	高
追踪关系	软件需求规格说明：3.2.X				
需求描述	1. 软件支持任务规划员增加、删除、插入、编辑航点，生成保存飞行路径文件 2. 航点信息包括如下 (1) 经度(0°～179.999999°) (2) 纬度(0°～89.999999°) (3) 高度(-100～1500m) 3. 航点信息的获取方式有两种：手动编辑输入、地图拾点 4. 飞行路径最多 20 个航点，最少 3 个航点 5. 删除航点 (1) 软件一次仅支持选中一个航点进行删除，默认选中最后一个航点 (2) 删除航点时，路径航点数≤3 个时无法删除 6. 插入航点 (1) 软件可在选中的任意一个航点之前插入新航点 (2) 当航点数量为 20 个时，无法插入新航点，软件给出提示信息 7. 编辑航点 软件可对已增加或插入的航点信息重新编辑并保存 8. 数据约束 (1) 若增加、插入、编辑的航点信息中参数范围不满足要求，软件给出提示信息并无法保存成功 (2) 若路径上的任意一个航点高度低于加载的地图高程数据中对应高度，软件提示警示信息					

(续表)

<table>
<tr><th>测试项名称</th><th>飞行路径规划</th><th>测试项标识</th><th>GN-009</th><th>优先级</th><th>高</th></tr>
<tr><td>需求描述</td><td colspan="5">9. 显示要求
(1) 界面列表显示航点信息
(2) 在地图上用折线显示路径，颜色为绿色
10. 飞行路径保存在安装目录下的 MData 文件夹的.dat 文件中；软件重启时加载最新的 dat 文件进行显示。保存时若不存在 MData 文件夹，则自动创建该文件夹并保存.dat 文件</td></tr>
<tr><td>测试项描述</td><td colspan="5">测试飞行路径规划功能实现的正确性</td></tr>
<tr><td>测试方法</td><td colspan="5">人工操作软件进行路径规划，查看规划列表中显示的航点信息、dat 文件中的航点信息，以及地图界面显示的航路与人工操作规划的路径中航点信息是否一致</td></tr>
<tr><td>测试充分性</td><td colspan="5">1. 增加航点
(1) 新建路径
① 所有航点参数(经度、纬度、高度)在正常范围内
a) 地图拾点
b) 手动输入
c) 地图拾点后重新手动输入
d) 手动输入后重新地图拾点
② 3 个＜航点个数≤20 个
③ 航点个数少于 3 个或超过 20 个
④ 航点高度低于/高于当地高程
⑤ 航点参数(经度、纬度、高度任意一个)超范围
(2) 对已保存的路径编辑——增加航点
① 所有航点参数(经度、纬度、高度)在正常范围内
a) 地图拾点
b) 手动输入
c) 地图拾点后重新手动输入
d) 手动输入后重新地图拾点
② 3 个＜航点个数≤20 个
③ 航点个数超过 20 个
④ 航点高度低于/高于当地高程
⑤ 航点参数(经度、纬度、高度任意一个)超范围
2. 删除航点
(1) 新建路径
① 已有航点数小于 3 时删除</td></tr>
</table>

(续表)

测试项名称	飞行路径规划	测试项标识	GN-009	优先级	高
测试充分性	a) 删除第一个 b) 删除最后一个 ② 3＜航点数≤20 时删除 a) 删除第一个 b) 删除最后一个 (2) 对已保存的路径编辑——删除航点 ① 已有航点数为 3 时删除 a) 删除第一个 b) 删除最后一个 ② 3＜航点数≤20 时删除 a) 删除第一个 b) 删除最后一个 3. 插入航点 (1) 新建路径 ① 3＜航点数＜20 时插入 a) 在第一个之前插入 (a) 考虑插入航点信息的参数范围：正常、异常 (b) 考虑插入航点高度低于/高于当地高程 b) 在最后一个之前插入 ② 航点数＝20 时插入 a) 在第一个之前插入 b) 在最后一个之前插入 (2) 对已保存的路径编辑——插入航点 ① 3＜航点数＜20 时插入 a) 在航路第一个之前插入 (a) 考虑插入航点信息的参数范围：正常、异常 (b) 考虑插入航点高度低于/高于当地高程 b) 在航路最后一个之前插入 ② 航点数＝20 时插入 a) 在第一个之前插入 b) 在最后一个之前插入 4. 异常情况 (1) 保存航点数超范围的飞行路径				

(续表)

通过准则	(2) MData 文件夹不存在 ①重启软件显示的航点信息以及.dat 文件中的航点信息与人工操作规划的路径中的航点信息一致。地图上用折线显示飞行路径，颜色为绿色；②若增加、插入、编辑的航点信息中参数范围不满足要求，软件给出提示信息并保存失败；③当航点数量小于 3 时，无法删除航点且无法保存成功；当航点数量超过 20 时，无法增加和插入航点且无法保存成功；④若规划的路径上的任意一个航点高度低于加载的高程数据中对应高度，软件提示警示信息

3. 监控软件——记录回放

改进前的测试项见表 8-25。

表 8-25　记录回放(改进前)

测试项名称	记录回放	测试项标识	GN-010	优先级	高
追踪关系	软件需求规格说明：3.2.X				
需求描述	软件发送记录回放相关操作指令，接收回放数据帧，实现记录回放，并显示回放相关状态 1. 控制指令包括：选择回放文件、记录、播放、加速、减速、停止、前进、后退、开始计时和停止计时 2. 显示内容包含：播放、停止、当前播放时间、回放文件的起始和结束时间、无人机机型和播放速率				
测试项描述	测试记录回放功能实现的正确性				
测试方法	人工操作软件，使用网络抓包工具捕获控制指令、回放状态数据包、遥测数据包；结合协议，验证回放功能的正确性				
测试充分性	正常情况 (1) 控制指令，覆盖约束中的控制指令；预期结果：控制指令与捕获指令一致，符合协议要求 (2) 显示内容；预期结果：显示内容与约束中一致 (3) 参数显示；预期结果：显示参数与回放遥测数据包一致				
通过准则	各测试步骤、测试用例执行结果与预期一致，满足功能要求				

案例点评：

本案例为针对记录回放的功能测试，在该测试项中存在以下问题。

1) 需求描述存在的问题

(1) 功能描述错误。“软件发送记录回放相关操作指令，接收回放数据帧，实现记录回放，并显示回放相关状态”未找准软件的责任边界，软件的记录回放功能并不是向其他软件发送记录和回放控制指令。实际需求是软件周期接收 XX 软件发送的遥测数据进行记录并保存在本地，并可根据操作人员的回放操作，软件读取记录的遥测数据进行显示。因此，真正的需求包括两个功能：记录遥测数据、回放遥测数据。

(2) 未描述记录的文件内容、文件格式、命名方式、存储路径等约束条件。
(3) 未描述记录与回放之间的约束关系。
(4) 未描述回放时可操作的指令，以及指令之间的约束。
(5) 未描述回放显示要求。
(6) 未描述回放过程中软件接收到新指令或新遥测数据时的处理措施。

2) 测试方法存在的问题

因为软件责任边界未找准，所以测试方法无效。例如“使用网络抓包工具捕获控制指令”，由于软件并不向其外部发送控制指令等，因此该方法没有任何意义。

3) 测试充分性存在的问题

由于软件责任边界未找准，因此充分性中的测试点考虑不正确。

综上，找准软件责任边界是测试需求分析的基本条件。

改进后的测试项见表 8-26 和表 8-27。

表 8-26　记录遥测数据(改进后)

测试项名称	记录遥测数据	测试项标识	GN-010	优先级	高
追踪关系	软件需求规格说明：3.2.X				
需求描述	软件周期(1s)接收 XX 软件发送的遥测数据，记录并保存在本地 1. 记录要求 (1) 记录要求 5 分钟形成一个文件，文件名为 YYYY-MM-DDhh:mm:ss.dat，存储路径为 XX (2) 记录时不需要对数据解析，每包数据的保存格式为：hh:mm:ss 原始数据包 2. 记录过程中禁止回放 3. 当硬盘容量≥80%时，软件提示告警信息；之后，接收新的数据包后覆盖时间最久的文件				
测试项描述	测试记录遥测数据功能实现的正确性				
测试方法	预先准备至少 1 小时的模拟遥测数据，通过 CANTest 测试工具模拟 XX 软件周期(1s)向被测软件发送；人工检查本地保存的文件内容与模拟发送的遥测数据包的一致性				

(续表)

测试项名称	记录遥测数据	测试项标识	GN-010	优先级	高
测试充分性	1. 正常情况 (1) 5 分钟内连续周期(1s)收到遥测数据包 (2) 5 分钟内非连续周期(1s)收到遥测数据包 (3) 跨天记录 2. 异常情况 (1) 5 分钟内未收到遥测数据包 (2) 硬盘存满 (3) 记录过程中启动回放				
通过准则	1. 正常情况：①本地保存的文件个数与测试发送的时长匹配；②每个文件的内容与模拟发送的遥测数据包一致 2. 异常情况：①5 分钟内未收到遥测数据包时，记录 1 个空文件；②硬盘存满时有告警信息，旧文件被覆盖；③回放非使能				

表 8-27 回放遥测数据(改进后)

测试项名称	回放遥测数据	测试项标识	GN-011	优先级	高
追踪关系	软件需求规格说明：3.2.X				
需求描述	软件支持操作人员对本地存放的遥测数据文件进行回放操作，实时显示回放的数据 1. 回放控制要求 (1) 回放过程中无法记录 (2) 回放过程中可加速(步长 1 倍速)、减速(步长 1 倍速)、停止、播放、前进、后退 2. 回放处理要求 (1) 支持选择时间段进行回放，若开始回放时间晚于停止回放时间，则软件给出异常提示 (2) 文件内容异常时停止回放，并给出提示信息 (3) 回放显示要求按记录的时间顺序，列表显示时间、数据包长、数据包；支持操作人员浏览所选择数据包的具体数据				
测试项描述	测试回放遥测数据功能实现的正确性				
测试方法	预先准备至少记录 1 小时的模拟遥测数据，人工操作软件进行回放操作，检查软件显示的回放数据与回放文件内容的一致性				
测试充分性	1. 回放控制测试 (1) 回放过程中加速、减速、停止、播放、前进、后退(单次、连续多次) (2) 连续加速或减速				

(续表)

测试充分性	(3) 连续加速和减速 2. 回放处理测试 (1) 开始时间早于结束时间，且时间差在 5 分钟内 (2) 开始时间早于结束时间，且时间差跨越多个 5 分钟 (3) 开始时间早于结束时间，且至少有 1 个空文件 3. 异常情况 (1) 回放过程中启动记录 (2) 回放文件内容异常 (3) 选择的开始回放时间晚于结束时间
通过准则	1. 回放控制测试：回放内容与控制操作一致 2. 回放处理测试：软件显示的数据信息与回放文件内容一致 3. 异常情况：软件给出相应异常提示

4. 综合处理软件——P 口靶距设置

改进前的测试项见表 8-28。

表 8-28　P 口靶距设置(改进前)

测试项名称	P 口靶距设置	测试项标识	GN-011	优先级	高
追踪关系	软件需求规格说明：3.2.X				
需求描述	软件根据用户操作对 P 口靶距进行设置，将 P 口靶距信息发送至上装软件，并接收其返回的设置结果 P 口靶距信息包括：P 口装置序号、靶距参数 (1) P 口装置序号：1A 某左管、2B 某右管、3C 某左管、4D 某右管、5E 某左管、6F 某右管、7G 某左管、8H 某右管 (2) 靶距参数：[a,b]ms				
测试项描述	测试 P 口靶距设置功能实现的正确性				
测试方法	人工操作软件在 P 口装置靶距参数设置界面设置 P 口靶距，同时查看软件界面显示的靶距信息是否与人工设置的一致				
测试充分性	1. 正常情况 (1) 人工设置 P 口靶距信息。预期结果：CANTest 捕获到软件发送的 P 口靶距信息与人工设置一致 ① 覆盖 P 口装置序号 ② 靶距参数范围正常值				

(续表)

测试充分性	(2) 接收P口靶距设置结果。预期结果：软件界面显示的P口靶距信息与CANTest发送的信息一致 ① 覆盖P口装置序号 ② 靶距参数范围正常值 2. 异常情况 人工设置P口靶距信息。预期结果：软件界面给出提示信息，CANTest未捕获到软件发送的P口靶距信息；靶距参数范围异常值
通过准则	各测试步骤、测试用例执行结果与预期一致，功能实现正确

案例点评：

本案例为针对P口靶距设置的功能测试，在该测试项中存在以下问题。

1) 需求描述存在的问题

(1) 未描述软件如何处理上装软件返回的设置结果，也就是缺少其对应的输出。

(2) 未说明软件接收到的上装软件返回的设置结果具体包含什么内容，也就是输入数据的约束。

(3) 缺少软件对上装软件返回的设置结果的处理逻辑和要求，如设置失败时自动重新发送P口靶距信息等。

(4) 缺少靶距参数和P口装置序号输入精度的要求。

(5) 缺少软件的异常处理逻辑，如当输入的P口序号和靶距参数异常时，软件的处理逻辑是什么。

2) 测试方法存在的问题

通过查看软件界面显示的靶距信息和人工设置的靶距信息是否一致来验证其功能的正确性，该测试验证方法无法保证软件发送的靶距信息就是正确的，且未考虑软件对接收到的设置结果处理的正确性。例如：假设软件未将靶距信息发送给上装软件，界面显示的靶距信息就是来源于人工操作输入的信息，此时通过该种测试方法就无法发现该问题。

3) 测试充分性存在的问题

(1) 未考虑P口装置序号的异常情况。

(2) 未考虑靶距参数的精度。

(3) 未考虑接收到的靶距设置结果中数据异常的情况。

改进后的测试项见表8-29。

表 8-29 P 口靶距设置(改进后)

<table>
<tr><td>测试项名称</td><td>P 口靶距设置</td><td>测试项标识</td><td>GN-011</td><td>优先级</td><td>高</td></tr>
<tr><td>追踪关系</td><td colspan="5">软件需求规格说明：3.2.X</td></tr>
<tr><td>需求描述</td><td colspan="5">软件支持用户对 P 口靶距设置，将设置的靶距信息发送至上装软件，并接收其返回的设置结果，将对应的靶距参数显示在对应 P 口装置序号的位置上
1. 可设置的靶距信息包括如下
(1) P 口装置序号为[1,10]，精度 1
(2) 靶距参数为[650,750]ms，精度 0.001ms
2. 录入界面要求
(1) 当输入的 P 口装置序号或靶距参数超范围时，软件给出异常提示信息，同时自动将输入框中的参数修改为最大值或最小值
(2) 输入框仅支持输入整数或小数
3. 若靶距信息中任意一个参数为空时发送，软件给出异常提示信息
4. 收到的靶距设置结果包含：8 个 P 口装置序号对应的靶距参数
5. 显示要求
(1) 若参数超范围，则对应参数通过红色显示
(2) 若未接收到上装软件发送的靶距设置结果，默认所有参数显示为空</td></tr>
<tr><td>测试项描述</td><td colspan="5">测试 P 口靶距设置功能实现的正确性</td></tr>
<tr><td>测试方法</td><td colspan="5">1. 人工操作软件设置并发送 P 口靶距信息，使用 CANTest 模拟上装软件捕获软件发送的 P 口靶距信息，查看捕获到的信息是否与人工设置一致
2. 使用 CANTest 模拟上装软件向软件发送靶距设置结果，查看软件界面显示的靶距信息是否与 CANTest 发送的结果一致</td></tr>
<tr><td>测试充分性</td><td colspan="5">1. 设置成功测试
(1) 靶距参数均在正常范围内(覆盖不同精度)
(2) 发送失败后重新发送
① P 口装置序号异常后恢复正常值
② 靶距参数异常后恢复正常值
2. 设置失败测试
(1) 靶距参数中任意一个参数为空
(2) 靶距参数不在正常范围内
3. 显示正确测
(1) 靶距参数均在正常范围内
(2) 每次设置的精度不同
4. 异常情况显示
(1) 未接收到靶距设置结果
(2) 靶距参数不在正常范围内(覆盖每个 P 口装置序号对应的靶距参数)</td></tr>
</table>

(续表)

测试项名称	P 口靶距设置	测试项标识	GN-011	优先级	高
通过准则	1. 设置成功测试：CANTest 捕获到软件发送的 P 口靶距信息与人工设置一致 2. 设置失败测试：软件给出异常提示信息，CANTest 未捕获到软件发送的靶距信息 3. 显示正确测试：软件界面显示的对应参数与 CANTest 发送的信息一致 4. 异常情况显示：软件界面显示的对应参数为红色				

5. 控制软件——版本查询

改进前的测试项见表 8-30。

表 8-30 版本查询(改进前)

测试项名称	版本查询	测试项标识	GN-009	优先级	高
追踪关系	软件需求规格说明：3.2.X				
需求描述	软件向 A 软件、B 软件、C 软件发送查询指令，接收并显示返回的软件版本结果 1. 查询的软件包含：A 软件、B 软件、C 软件 2. 版本信息 (1) 软件版本号(0、1、2、3) (2) 软件更改版本号：起始值为 0，每次更改增加 1 (3) 软件修订版本号：起始值为 1，每次更改增加 1 (4) 若无修订版本号，置为 0 (5) 年(1970～2050) (6) 月(1～12) (7) 日(1～31)				
测试项描述	测试版本查询功能实现的正确性				
测试方法	通过人工操作界面向各软件发送软件版本查询指令，通过 CANTest 软件捕获软件发送的指令，并模拟各软件发送软件版本信息，查看软件界面显示				
测试充分性	1. 正常情况。预期结果：CANTest 软件捕获软件发送的指令与协议一致；软件界面显示软件版本信息与发送一致 (1) 版本查询 (2) 软件版本信息覆盖有效范围 2. 异常情况。预期结果：软件丢弃异常软件版本信息 软件版本信息超出范围				
通过准则	各测试步骤、测试用例执行结果与预期一致，功能实现正确				

案例点评：

本案例为针对版本查询的功能测试，在该测试项中存在以下问题。

1) 需求描述存在的问题

(1) 需求描述中存在与该功能无关的内容，如“起始值为 0，每次更改增加 1”“起始值为 1，每次更改增加 1”“若无修订版本号，置为 0”均不属于版本查询的约束条件。

(2) 缺少对 A/B/C 软件回复的版本信息显示的内容与格式要求。

(3) 缺少异常情况的处理逻辑，如当软件向 A/B/C 软件发送了版本查询指令后，若 A 软件、B 软件或 C 软件未回复版本信息，软件如何处理。

(4) 未描述清楚软件发送查询指令的时机。

2) 测试充分性存在的问题

(1) 未考虑连续多次发送版本查询指令的情况，以及查询指令间隔时间。

(2) 未考虑 A/B/C 软件回复版本信息的时机。

(3) 未考虑异常情况，如软件发送查询指令后，长时间未接收到各软件回复的版本信息。

3) 预期结果存在的问题

例如“当接收到版本信息超正常范围时，预期结果为软件丢弃异常软件版本信息”，该预期结果是不准确的，对于被测软件来说并不是接收到所有超范围的数据都要丢弃，而是要视情况而定。例如当接收到的数据仅用于显示供相关人员查看时，若接收到超范围的异常数据显示在软件界面上，就可以发现 A/B/C 软件版本是否存在问题；若将异常版本信息丢弃的话，不利于发现 A/B/C 软件版本是否存在问题。

改进后的测试项见表 8-31。

表 8-31　版本查询(改进后)

测试项名称	版本查询	测试项标识	GN-009	优先级	高
追踪关系	软件需求规格说明：3.2.X				
需求描述	软件支持用户同时向 A 软件、B 软件、C 软件发送版本查询指令，并将 A/B/C 软件返回的版本信息显示在界面对应位置上 1. 软件发送版本查询指令后，5s 内未接收到 A 软件、B 软件或 C 软件回复的版本信息时，将对应软件版本信息置为未知版本；若连续多次执行版本查询指令操作时，按最后一次执行版本查询操作开始计时 2. 显示的版本信息 (1) 格式为：VX.Y.Z/YYYY 年 MM 月 DD 日 (2) X：软件版本号(0～3)、Y：软件更改版本号(0～9)、Z：软件修订版本号(1～9) (3) 年(1970～2050)、月(1～12)、日(1～31)				

(续表)

测试项描述	测试版本查询功能实现的正确性
测试方法	人工操作软件发送版本查询指令，通过 CANTest 软件捕获软件发送的指令，并模拟 A、B、C 软件回复软件版本信息，查看软件界面显示的各软件版本信息
测试充分性要求	1. 正常情况 (1) 单次查询(针对 A/B/C 软件均单独考虑以下场景) ① 版本信息正常且在 5s 内回复 ② 版本信息正常但未在 5s 内回复 a) 未回复 b) 5s 后回复 (2) 多次查询(针对 A/B/C 软件均单独考虑以下场景) ① 5s 后再次查询 a) 回复的版本信息与上次查询结果相同 b) 回复的版本信息与上次查询结果不同 c) 未回复 ② 5s 内多次查询 a) 回复 1 次且时机满足最后一次查询时间要求但不满足第一次查询时间要求 b) 回复每次的查询 c) 未回复 2. 异常情况 版本信息数据超范围
通过准则	1. 正常情况：CANTest 捕获到的指令与协议一致；软件显示的版本信息与 CANTest 发送的版本信息一致；未回复时界面显示对应软件的版本信息为未知版本 2. 异常情况：软件显示的版本信息与 CANTest 发送的版本信息一致

6. 课程注册软件——提交成绩

改进前的测试项见表 8-32。

表 8-32　提交成绩(改进前)

测试项名称	提交成绩	测试项标识	GN-008	优先级	中
追踪关系	软件需求规格说明：3.2.X				
需求描述	软件支持教授提交学生各科成绩。教授通过人机交互界面进入提交成绩界面，软件显示教授上学期教的课程，教授通过人机界面选择一门课程，软件检索选择该				

(续表)

测试项名称	提交成绩	测试项标识	GN-008	优先级	中
需求描述	课程的学生及每个学生的成绩，并在界面显示学生信息及系统预先分配的成绩；教授通过人机界面输入成绩，软件更新学生成绩信息 1. 处理过程 (1) 教授选择“提交成绩” (2) 系统显示一列教授在上个学期教的课程 (3) 教授选择一门课程，系统检索出一列选择这门课的学生及每个学生的成绩信息 (4) 系统显示每个学生和系统预先分配的成绩 (5) 教授为列表上的每个学生输入成绩(A、B、C、D)，系统更新学生成绩 2. 异常处理 当教授输入的成绩为异常值时，系统给出错误提示 当教授输入的成绩为空时，系统给出错误提示				
测试项描述	测试提交成绩功能实现的正确性				
测试方法	教授通过“提交成绩”界面，进行提交成绩操作，检查系统处理结果的正确性				
测试充分性	1. 正常情况 覆盖所有成绩类型 2. 异常情况 (1) 教授输入的成绩为异常值 (2) 教授输入的成绩为空				
通过准则	正常情况下登录后进入系统，完成提交成绩				

案例点评：

1) 需求描述存在的问题

(1) 需求描述烦琐，表现为：①对界面和操作的描述属于多余描述；②第一段的描述和“处理过程”重复。

(2) 系统最终的输出不确定，“系统更新学生成绩”的描述是不准确的，应具体说明在数据库保存的要求和界面显示的要求。

2) 测试方法存在的问题

这类针对数据库操作的软件，测试方法应重点明确，依据测试点预先准备的数据。

3) 测试充分性存在的问题

遗漏需求描述中关于系统应显示教授所授课程及其学生信息的正确性的测试。

该测试项的测试重点不在于输入成绩，而在于系统是否能够正确显示教授所授的全部课程，以及每门课程下学生名称、数量是否正确；以及系统保存成绩的正确性。

改进后的测试项见表 8-33。

表 8-33　提交成绩(改进后)

测试项名称	提交成绩	测试项标识	GN-008	优先级	中
追踪关系	软件需求规格说明：3.2.X				
需求描述	软件支持教授提交学生各科成绩 1. 处理过程 (1) 教授登录后，软件显示教授所授全部课程和每门课程下全部学生 (2) 教授提交每个学生成绩(A、B、C、D)，软件在数据库中保存成绩并更新界面显示 2. 异常处理 当提交的成绩为异常值或空时，软件给出错误提示 3. 规则与约束 (1) 每名教授最多授课 M 门 (2) 每门课程的有效学生人数为[3,10]				
测试项描述	测试提交成绩功能实现的正确性				
测试方法	预先在数据库中导入一名教授的 M 门课程和每门课程下注册的学生信息				
测试充分性	1. 正常情况 (1) 覆盖教授授课门数的有效值和边界值 (2) 覆盖每门课的有效学生的有效值和边界值 (3) 覆盖同一个学生选择多门课程 (4) 覆盖所有成绩类型 2. 异常情况 成绩为异常值或空				
通过准则	1. 正常情况：①系统显示的教授所授课程以及每门课下学生信息均与数据库一致；②数据库中报告的学生成绩与录入一致，与系统显示一致 2. 异常情况：①系统提示错误信息；②数据库中相关学生成绩未改变				

8.2.2　性能测试需求分析案例

1. 并发访问类性能测试案例

改进前的测试项见表 8-34。

表 8-34　协同评估在线用户并发数量测试(改进前)

测试项名称	协同评估在线用户并发数量测试	测试项标识	XN-002	优先级	高
追踪关系	软件需求规格说明：3.2.5				
需求描述	支持同一项目进行在线协同评估的并发用户数≥50 个				
测试项描述	测试支持同一项目进行在线协同评估用户数≥50 个				
测试方法及测试充分性	使用 JMeter 模拟 50 个用户并发(设置事务集合点)进行同一项目的在线协同评估事务，查看事务执行结果报告：错误率为 0，软件正常运行，测试 5 次				
通过准则	各测试步骤、测试用例执行结果与预期一致，满足性能指标				

案例点评：

依据性能测试需要明确的 4 个要素(测试场景、测试方法、测试次数和通过准则)，分析该测试项中存在的主要问题如下。

(1) 测试场景不明确；应明确 5 次测试的不同项目。

(2) 测试方法不明确；应明确 50 个用户并发执行的具体操作。

(3) 通过准则不明确；目前的通过准则属于“放之四海而皆准”，应针对不同的测试项，明确各自的通过准则。

改进后的测试项见表 8-35。

表 8-35　协同评估在线用户并发数量测试(改进后)

测试项名称	协同评估在线用户并发数量测试	测试项标识	XN-002	优先级	高
追踪关系	软件需求规格说明：3.2.5				
需求描述	支持同一项目进行在线协同评估的并发用户数≥50 个				
测试项描述	测试在线协同评估并发用户数性能指标				
测试方法	1. 在数据库中预先准备测试所需的 50 个并发用户的登录信息 2. 使用 JMeter 测试工具编制测试脚本，模拟 50 个用户同时在线登录系统，并分别输入评估结果数据；设置 50 个在线用户提交评估结果的事务集合点，50 个用户同时并发执行评估结果提交操作 3. 使用 JMeter 记录 50 个用户提交评估结果操作的响应结果报告				
测试充分性	对以下测试场景各进行 2 次测试 (1) 评估结果的意见数量为最大的情况 (2) 评估方式为分组评估，每组专家为 5～9 个人 (3) 评估方式为不分组评估				
通过准则	JMeter 记录的每次的响应成功率均为 100%				

2. 数据处理容量类性能测试案例

改进前的测试项见表 8-36。

表 8-36　目标处理容量测试(改进前)

测试项名称	目标处理容量测试	测试项标识	XN-003	优先级	中
追踪关系	软件需求规格说明：3.2.3				
需求描述	目标处理容量：动态目标处理容量≥3000 批，静态目标处理容量≥10 000 批				
测试项描述	测试软件应满足性能指标要求				
测试方法及测试充分性	1. 动态目标处理容量测试(DYRH-XN002-001) 通过统计态势图上的动态目标数量，查看动态目标处理容量是否≥3000 批，查看是否全部目标可以正常使用 2. 静态目标处理容量测试(DYRH-XN002-002) 通过统计态势图上的静态目标数量，查看静态目标处理容量是否≥10 000 批，查看是否全部目标可以正常使用				
通过准则	各测试步骤、测试用例执行结果与预期一致，功能实现正确				

案例点评：

本案例为针对数据处理容量的性能测试，在此类性能指标测试中，务必要考虑对系统处理能力压力最大的场景，例如在进行目标处理的同时执行其他耗费资源的业务操作，检查软件的处理响应能力。在该测试项中存在的主要问题如下。

1) 测试场景存在的问题

因为将性能测试和对应的功能测试完全割裂、独立描述，导致对测试场景考虑不充分。需要首先分析影响该容量的因素，以便确定合理的测试场景。

2) 测试方法存在的问题

没有明确使用什么手段生成测试所需的目标数据。

3) 通过准则存在的问题

没有明确测试结果的判断条件。

改进后的测试项见表 8-37。

表 8-37　目标处理容量测试(改进后)

测试项名称	目标处理容量测试	测试项标识	XN-003	优先级	中
追踪关系	软件需求规格说明：3.2.3				
需求描述	目标处理容量：动态目标处理容量≥3000 批，静态目标处理容量≥10 000 批				
测试项描述	测试目标处理容量性能指标				

(续表)

测试项名称	目标处理容量测试	测试项标识	XN-003	优先级	中
测试方法	1. 使用目标数据模拟软件生成动态目标和静态目标，以速率 100 批/s，发送至被测软件 2. 在发送目标数据的同时，操作人员执行方案制定、指令发送等操作				
测试充分性	对以下测试场景，各自连续测试 5 分钟 1. 动态目标处理容量测试场景 (1) 一次性发送 3000 批目标数据，目标不需要融合处理 (2) 一次性发送 3000 批目标数据，目标需要融合处理 (3) 一次性发送多于 3000 批的目标数据，融合处理后为 3000 批 (4) 发送 2000 批数据，以 100 批为步长逐步递增至 3000 批目标数据 2. 静态目标处理容量测试场景 (1) 一次性发送 10 000 批目标数据 (2) 发送 8000 批数据，以 100 批为步长逐步递增至 10 000 批目标数据 3. 动态及静态目标同时处理的测试场景 (1) 一次性发送 3000 批动态目标和 10 000 批静态目标 (2) 先发送 10 000 批静态目标，再发送 3000 批动态目标 (3) 先发送 3000 批动态目标，再发送 10 000 批静态目标				
通过准则	1. 动态目标：软件列表显示和地图显示的动态目标信息，无丢点、丢批的情况 2. 静态目标：软件列表显示和地图显示的静态目标信息，无丢点、丢批的情况				

3. 处理时间类性能测试案例

改进前的测试项见表 8-38。

表 8-38　目标查询时间测试(改进前)

测试项名称	目标查询时间测试	测试项标识	XN-004	优先级	中
追踪关系	软件需求规格说明：3.2.8				
需求描述	目标信息关联查询时间≤1 秒				
测试项描述	测试软件目标信息关联查询时间是否满足性能指标要求				
测试方法及测试充分性	通过开发者工具记录目标信息关联查询完成时间，重复执行 5 次，查看查询响应时间是否≤1 秒				
通过准则	各测试步骤、测试用例执行结果与预期一致，功能实现正确				

案例点评：

本案例为针对查询处理时间的性能测试，其中测试场景、测试方法、测试次数(时间)以及通过准则是 4 个要素；该测试项中存在的问题如下。

1) 测试场景存在的问题

不同输入条件对处理时间的影响不同，应选择复杂、耗时长的场景进行测试。

需求描述不准确：①通常查询时间指标应明确在多少条记录下的查询时间，如1万条记录下的查询时间和10万条记录下的查询时间是不同的。②需求没有明确查询条件，即关联查询的检索条件；如按目标名称查询、按目标类型查询、按发现时间查询等。

测试需求分析需要据此分析测试场景，考虑不同测试场景下的测试。

2) 测试次数存在的问题

测试次数与选择的多少种测试场景相关，通常一种测试场景至少测试1次。

3) 测试方法存在的问题

本案例的测试方法是指采集查询时间(查询响应的起止时间)的方法，如使用秒表、程序插桩、日志记录、测试工具记录等。

4) 通过准则存在的问题

本案例中，多次测试结果有可能属于测试的中间结果，如最终测试结果是对多次测试结果取平均值；因此，通过准则应明确对多次测试结果的处理方法，如取平均值或最大值。

改进后的测试项见表8-39。

表8-39　目标查询时间测试(改进后)

测试项名称	目标查询时间测试	测试项标识	XN-004	优先级	中
追踪关系	软件需求规格说明：3.2.8				
需求描述	10万条记录下，目标信息关联查询时间≤1秒				
测试项描述	测试目标信息关联查询时间指标				
测试方法	1. 预先准备10万条目标记录 2. 使用浏览器自带的开发者工具记录从提交查询请求到显示查询结果的间隔时间，分别记录5组测试的查询响应时间				
测试充分性	对以下测试场景分别测试1次 (1) 关联查询条件数为最大值、最小值 (2) 关联查询涉及数据库表数量最多 (3) 数据库中没有符合查询条件的记录 (4) 数据库中有部分符合查询条件的记录 (5) 数据库中的记录都符合查询条件				
通过准则	5次测试结果均≤1秒				

4. 某组件软件——威胁部署个数

改进前的测试项见表 8-40。

表 8-40　威胁部署个数(改进前)

测试项名称	威胁部署个数	测试项标识	XN-001	优先级	高
追踪关系	软件需求规格说明：3.2.X				
需求描述	需要支持不少于 20 个威胁源的部署和显示				
测试项描述	测试软件威胁部署个数是否满足指标要求				
测试方法及测试充分性	测试方法：人工操作软件，将威胁列表中的威胁源部署到地图中，共计部署不少于 20 个 预期结果：不少于 20 个威胁信息显示正确				
通过准则	各测试步骤、测试用例执行结果与预期一致，满足性能指标				

案例点评：

本案例为针对部署显示威胁源数量的性能测试，在该测试项中存在以下问题。

1) 测试场景存在的问题

缺乏必要的测试场景考虑。

2) 预期结果存在的问题

预期结果中的“不少于 20 个威胁信息显示正确”不严谨；例如测试执行人员在部署了 30 个威胁源时软件出现问题，这时根据该预期结果无法判定通过还是不通过。

改进后的测试项见表 8-41。

表 8-41　威胁部署个数(改进后)

测试项名称	威胁部署个数	测试项标识	XN-001	优先级	高
追踪关系	软件需求规格说明：3.2.X				
需求描述	需要支持不少于 20 个威胁源的部署和显示				
测试项描述	测试软件部署显示威胁源个数是否满足指标要求				
测试方法及测试充分性	预先准备 20 个以上的不同种类的威胁源数据，人工操作软件，将威胁列表中的威胁源(考虑不同类型的威胁源)部署到地图上，测试场景包括 (1) 一次性部署 20 个威胁源 (2) 部署 20 个威胁源后，删除部分威胁源再次部署至 20 个				
通过准则	软件在地图上显示的 20 个威胁源的类型、信息(位置、能力等)与部署操作一致				

5. 某监控软件——查询业务数据时间

改进前的测试项见表 8-42。

表 8-42 查询业务数据时间(改进前)

测试项名称	查询业务数据时间	测试项标识	XN-002	优先级	高
追踪关系	软件需求规格说明：3.2.X				
需求描述	查询业务操作的数据处理时间应低于 5s				
测试项描述	测试软件查询业务操作的数据处理时间是否满足性能要求				
测试方法及测试充分性	测试方法：通过谷歌浏览器“开发者-Web 控制台”记录以下每个动作开始至结束的时间，分别进行人员查询、态势专题查询、信息维护单位/人员/岗位查询等业务操作，测试 5 次。预期结果：数据处理时间均低于 5s				
通过准则	各测试步骤、测试用例执行结果与预期一致，满足性能指标				

案例点评：

本案例为针对查询业务数据时间的性能测试，在该测试项中存在以下问题。

1) 测试场景存在的问题

测试项中测试场景考虑不充分，性能测试必须考虑软件运行在“最坏”情况，如处理最复杂情况：循环次数最多、if 语句嵌套最多等。需要考虑影响查询时间的因素，如数据库中的基础数据量、符合查询条件的数据量等。

2) 测试次数存在的问题

测试项中的测试 5 次并未结合测试场景综合考虑，因此虽然测试了 5 次，但是测试场景未考虑充分，导致测试结果不准确。例如，1000 条数据中查询符合要求的 100 条数据和 10 万条数据中查询符合要求的 100 条数据所花费的时间是不同的。

改进后的测试项见表 8-43。

表 8-43 查询业务数据时间(改进后)

测试项名称	查询业务数据时间	测试项标识	XN-002	优先级	高
追踪关系	软件需求规格说明：3.2.X				
需求描述	1. 查询业务操作的数据处理时间应低于 5s 2. 数据库数据记录不小于 10 万条 3. 支持组合查询				
测试项描述	测试软件查询业务操作的数据处理时间是否满足性能要求				

(续表)

测试项名称	查询业务数据时间	测试项标识	XN-002	优先级	高
测试方法及测试充分性	使用谷歌浏览器“开发者-Web 控制台”记录每个查询动作开始至结束的时间，在数据库中预置 10 万条记录，按照多条件组合查询对以下场景测试 1. 分别进行一次人员查询、态势专题查询、信息维护单位/人员/岗位查询 2. 符合查询条件的记录数量覆盖以下情况 (1) 没有符合查询条件的记录 (2) 全部符合查询条件 (3) 部分符合查询条件				
通过准则	每次测试的查询业务操作的数据处理时间均低于 5s				

8.2.3　容量测试需求分析案例

改进前的测试项见表 8-44。

表 8-44　威胁部署个数容量(改进前)

测试项名称	威胁部署个数容量	测试项标识	RL-001	优先级	高
追踪关系	软件需求规格说明：3.2.X				
需求描述	威胁部署需要支持不少于 20 个威胁源的部署和显示				
测试项描述	对软件威胁部署个数进行容量测试				
测试方法及测试充分性	测试方法：人工操作软件，将威胁列表中的威胁源部署到地图中，直至软件界面出现卡顿后停止部署，记录此时部署的威胁源个数。预期结果：不少于 20 个威胁信息显示正确				
通过准则	各测试步骤、测试用例执行结果与预期一致，满足性能指标				

案例点评：

本案例为针对威胁部署个数的容量测试，在该测试项中存在以下问题。

1) 测试方法存在的问题

(1) 识别的容量临界点错误。容量测试一般使用逐步加压的方式，使得软件越过正常与不正常的临界点后，再减压逐渐找到正常与不正常的临界点，但在该测试项中当软件出现卡顿时，软件已经处于不正常状态，故此时记录的威胁个数不是真正的容量。

(2) “出现卡顿”是无法考核的测量方法，应给出错误的明确定义，如地图漫游态势刷新时间大于 3s 等。

2) 测试场景存在的问题

因为将容量测试和功能测试完全割裂，所以导致对测试场景考虑不充分。该测试项中的容量是针对具有数量约束要求的功能开展的容量测试，也是基于性能测试达标的结果开展的容量测试，测试时须结合实际的业务场景考虑。

3) 预期结果存在的问题

容量是度量软件的某项功能实现的最“好”或最“高”程度，是逐渐逼近获取的结果，故不存在已知的预期结果。

改进后的测试项见表 8-45。

表 8-45　威胁部署个数容量(改进后)

测试项名称	威胁部署个数容量	测试项标识	RL-001	优先级	高
追踪关系	软件需求规格说明：3.2.X				
需求描述	威胁部署需要支持不少于 20 个威胁源的部署和显示				
测试项描述	对软件威胁部署个数进行容量测试				
测试方法及测试充分性	预先准备 100 个以上的不同种类的威胁源数据，人工操作软件，部署 20 个威胁(考虑不同类型的威胁源)至地图上；然后按步长 5 逐渐增加威胁源，直至地图漫游态势刷新时间＞3s 后，再以步长 2 删除部署的威胁源，直至地图漫游态势刷新时间≤3s 时，记录此时地图上部署的所有威胁源个数，该数量即为威胁部署个数容量				
通过准则	无				

附录 A
软件测评大纲质量评价表

软件测评大纲质量评价表如表 A-1 所示。

表 A-1　软件测评大纲质量评价表

测评大纲名称		测评大纲标识		
测评机构				
考核项	考核子项	考核内容	最高得分	得分
一、对被测软件的理解程度(20 分)	软件功能性能要求(10)	功能描述易于理解、描述准确	5	
		功能、性能描述全面，无遗漏项	5	
	软件外部接口(10)	软件接口图、表描述准确全面，无遗漏项	5	
		所有外部接口实体均在相应功能描述中体现	3	
		所有外部接口实体描述正确，并且上下文一致	2	
二、测试环境有效性(15 分)	实验室测试环境(5)	所有测试子项的测试方法均在测试环境图中体现	1	
		测试环境图、表描述一致	1	
		陪测件、测试工具、测量工具用途描述清晰	1	
		被测、陪测等软件版本明确、部署位置明确	1	
		硬件设备数量明确	1	
	实装测试环境(5)	所有测试子项的测试方法均在测试环境图中体现	1	
		测试环境图、表描述一致	1	
		陪测件、测试工具、测量工具用途描述清晰	1	
		被测、陪测等软件版本明确、部署位置明确	1	
		硬件设备数量明确	1	

(续表)

考核项	考核子项	考核内容	最高得分	得分
二、测试环境有效性(15 分)	测试数据要求(3)	需要预先准备的测试数据能够追溯到相关测试子项	1	
		明确了需要预先准备的测试数据类型、规模等要求	2	
	测试环境差异分析(2)	明确了与实装硬件配置的差异	1	
		分析了环境差异对测试结果的影响	1	
三、测试策略合理性[1](15 分)	与特定测试方法相关的策略(3)	策略不是具体测试方法，它可以包括以下内容：①对采取特殊(非常规)测试方法的原因描述合理；②对采用间接证明某项软件功能或性能的方法的有效性进行分析说明	3	
	对关键测试项的测试策略(10)	识别的 3～5 项关键测试项有效、合理	2	
		对关键性能测试项分析了影响性能指标的因素，针对影响因素给出了测试场景	3	
		对关键功能测试项分析了使用场景、处理逻辑(或算法)等，给出了测试方法，并针对测试充分性进行了有效分析	3	
		对其他关键测试项(安全、强度等)分析了使用场景，给出了测试方法，并针对测试充分性进行了有效分析	2	
	与测试过程相关的策略(1)	包括：①存在测试顺序要求的测试项；②测试项之间的必要的关系说明(如某个测试项若执行不通过，其他哪些测试项暂停测试；某个功能与多个测试项相关是在所有测试项进行验证还是在某个测试项进行验证)	1	
	与特定测试内容相关的策略(1)	包括：对确定不进行测试的内容进行分析说明；对无法验证的内容进行分析说明	1	
四、测试项分析的充分程度(25 分)	测试项划分(15)	测试项划分准确，无遗漏，无重复	4	
		每个测试项下的测试类型选取合理	1	
	测试项描述(5)	测试项描述易于理解，反映了 3 点核心要素：谁在什么时机让软件干什么和软件最终输出什么	5	

(续表)

<table>
<tr><th>考核项</th><th>考核子项</th><th>考核内容</th><th>最高得分</th><th>得分</th></tr>
<tr><td rowspan="3">四、测试项分析的充分程度(25 分)</td><td rowspan="3">需求描述(15)</td><td>设计约束描述全面，包含了所有的输入/输出数据约束、处理逻辑、显示要求、业务规则、性能要求</td><td>8</td><td></td></tr>
<tr><td>设计约束内容描述准确</td><td>6</td><td></td></tr>
<tr><td>软件设计约束不应该涉及与本测试项无关的内容</td><td>1</td><td></td></tr>
<tr><td rowspan="9">五、测试子项分析的充分程度和测试方法的可行性[2](25 分)</td><td rowspan="2">测试子项选取(5)</td><td>测试子项全面，无遗漏项</td><td>3</td><td></td></tr>
<tr><td>选取的测试子项应该和测试项描述或软件设计约束相关，不应该孤立存在</td><td>2</td><td></td></tr>
<tr><td rowspan="4">子项的测试方法(5)</td><td>测试方法描述了测试输入数据生成方法</td><td>2</td><td></td></tr>
<tr><td>测试方法描述的测试输入数据生成方法合理可行，能够确保测试人员输入测试数据</td><td>1</td><td></td></tr>
<tr><td>测试方法描述了测试输出数据验证方法</td><td>1</td><td></td></tr>
<tr><td>测试方法描述的测试输出数据验证方法合理可行，能够确保测试人员有效验证输出的数据</td><td>1</td><td></td></tr>
<tr><td rowspan="3">子项的测试点(15)</td><td>测试点覆盖了测试项描述的全部功能需求</td><td>5</td><td></td></tr>
<tr><td>测试点覆盖了软件设计约束中的全部内容</td><td>5</td><td></td></tr>
<tr><td>测试点考虑了可能存在的异常情况</td><td>5</td><td></td></tr>
</table>

备注 1：测试策略若没有针对性，放之四海而皆准，最多得 2 分。

备注 2：测试点若以测试用例方式描述，每个考核内容最多得 1 分。测试点如果没有按照“如何证明软件正确干了应该干的事情”的原则开展分析，每个考核内容得 0 分。

附录B

软件测评报告质量评价表

软件测评报告质量评价表如表B-1所示。

表B-1　软件测评报告质量评价表

<table>
<tr><td>测评报告名称</td><td colspan="2"></td><td>测评报告标识</td><td></td></tr>
<tr><td>测评机构</td><td colspan="4"></td></tr>
<tr><td>考核项</td><td>考核子项</td><td>考核内容</td><td>最高得分</td><td>得分</td></tr>
<tr><td rowspan="10">一、与大纲要求的符合性说明(20分)</td><td rowspan="5">环境符合性说明(5)</td><td>被测软件运行环境符合性</td><td>1</td><td></td></tr>
<tr><td>陪测软件及其版本符合性</td><td>1</td><td></td></tr>
<tr><td>测试/测量设备符合性</td><td>1</td><td></td></tr>
<tr><td>陪测设备符合性</td><td>1</td><td></td></tr>
<tr><td>测试数据符合性</td><td>1</td><td></td></tr>
<tr><td rowspan="2">测试项符合性说明(5)</td><td>有无增/减/改测试项</td><td>3</td><td></td></tr>
<tr><td>有无修改测试方法</td><td>2</td><td></td></tr>
<tr><td rowspan="3">上述内容若有偏差，对测试结果的影响分析(10)</td><td>分析有针对性</td><td>2</td><td></td></tr>
<tr><td>分析有推理过程，逻辑清晰、准确</td><td>5</td><td></td></tr>
<tr><td>给出了具体影响结论</td><td>3</td><td></td></tr>
<tr><td rowspan="6">二、测试过程出现的问题说明(15分)</td><td rowspan="3">测试问题说明(6)</td><td>因测试环境导致的测试问题</td><td>2</td><td></td></tr>
<tr><td>因测试数据导致的测试问题</td><td>2</td><td></td></tr>
<tr><td>因测试人员执行方法或步骤导致的测试问题</td><td>2</td><td></td></tr>
<tr><td rowspan="3">若有问题，对测试结果的影响分析(9)</td><td>分析有针对性</td><td>3</td><td></td></tr>
<tr><td>分析有推理过程，逻辑清晰、准确</td><td>3</td><td></td></tr>
<tr><td>给出了具体影响结论</td><td>3</td><td></td></tr>
</table>

(续表)

考核项	考核子项	考核内容	最高得分	得分
三、测试过程说明(15 分)	过程按轮次说明(10)	每个测试轮次分别说明，过程清晰完整	2	
		每个轮次的测试影响域分析说明具体、有效；分析过程能够体现原因和结果	4	
		说明未执行原因以及最终是否执行等情况	4	
	软件版本说明(5)	每个轮次的被测件版本和文档版本是否正确	3	
		每个轮次的软件版本升级是否连续；若不连续，是否有说明	2	
四、测试结果说明(10 分)	每个轮次的统计数据正确性(5)	测试用例执行统计数据正确性	2	
		软件问题数量统计数据正确性	3	
	软件问题数量和问题追踪表的一致性(5)	问题数量是否一致	2	
		每个等级的问题数量是否一致	3	
五、软件问题说明(20 分)	问题描述(5)	软件问题描述是否准确、无歧义	3	
		软件问题的等级是否符合测评大纲的定义	2	
	问题整改(10)	软件问题的原因分析是否针对软件问题	5	
		软件问题的整改措施是否针对原因分析	5	
	问题追踪的测试用例情况(5)	软件问题追踪多个测试用例时，是否在软件问题中描述了对应的多个测试用例发现的现象	2	
		软件问题追踪多个测试用例时，是否存在冗余测试用例情况	2	
		软件问题追踪指标类性能测试时，是否存在记录的测试结果无法证明性能指标要求的情况	3	

考核项	考核子项	考核内容	最高得分	得分
六、测试结论说明(20)	对软件需求规格说明的追踪(10)	软件需求规格说明第 3 章的 CSCI 能力需求全部追踪	3	
		对指标性要求有详细测试数值(单位)，且数值合理(无偏差过大情况)，能够直接证明性能指标	5	
		测试结论为“达标”或“满足”；测试结果为说明性文字	2	
	对研制总要求的追踪(10)	研制总要求追踪章节和内容应原文复制	2	
		研制总要求追踪章节和内容不能跳跃	2	
		研制总要求的指标类要求追踪时必须有具体测试数值	3	
		研制总要求功能性要求追踪时，应具体说明该功能涉及的软件，不能照抄研制总要求内容	3	

附录C

软件测试用例质量评价表

此处的测试用例质量评价表适用于对所有测试用例进行综合评价，主要用于测试用例评审时，基于评审专家对抽查的测试用例的单个评价打分，综合形成评价记录。

对每项考核内容，应该事先准备一个评价阈值(或范围)；当超过该阈值时，视为合格，例如千行代码测试用例数设置阈值为10。

测试用例质量综合评价表如表C-1所示。

表C-1　测试用例质量综合评价表

被测软件名称			版本	
被测软件规模			测试用例总数	
抽查的测试用例数量			抽查的功能测试用例数量	
抽查的性能测试用例数量			抽查的其他测试用例数量	

考核项	考核子项	考核内容	最高得分	得分
一、测试用例设计方法有效性(50分)	总体有效性(30)	千行代码测试用例数量	5	
		功能测试用例与测试子项数量占比	5	
		功能测试用例与测试点数量占比	5	
		关键功能测试项的测试用例数与代码规模比例	5	
		对识别的测试点全部覆盖	5	
		其他测试类型的测试用例有效	5	
	测试用例设计方法(20)	抽查的设计方法对测试点有效占比	5	
		抽查的设计方法的应用说明正确占比	5	
		抽查的设计的测试用例数量合理占比	5	
		抽查的设计的测试用例能够覆盖测试点要求占比	5	

(续表)

考核项	考核子项	考核内容	最高得分	得分
二、测试用例要素准确性(20 分)	测试用例名称	抽查的合格率	5	
	测试用例概述	抽查的合格率	6	
	测试用例初始化条件	抽查的合格率	4	
	测试用例约束条件	抽查的合格率	3	
	测试用例终止条件	抽查的合格率	2	
三、测试用例执行步骤准确性(30 分)	每一步的输入及操作说明	抽查的合格率	10	
	每一步的期望测试结果	抽查的合格率	10	
	每一步的评估准则	抽查的合格率	10	

参 考 文 献

[1] 韩雪燕. 软件需求分析与设计实践指南[M]. 北京：清华大学出版社，2021.
[2] 张旸旸，于秀明. 软件评测师教程[M]. 北京：清华大学出版社，2021.